G. Stenzel

Beobachtungen an durchwachsenen Fichtenzapfen

G. Stenzel

Beobachtungen an durchwachsenen Fichtenzapfen

ISBN/EAN: 9783741193934

Hergestellt in Europa, USA, Kanada, Australien, Japan

Cover: Foto ©Klaus-Uwe Gerhardt /pixelio.de

Manufactured and distributed by brebook publishing software (www.brebook.com)

G. Stenzel

Beobachtungen an durchwachsenen Fichtenzapfen

NOVA ACTA

der Ksl. Leop.-Carol. Deutschen Akademie der Naturforscher

Band XXXVIII. Nr. 3.

Beobachtungen

an

durchwachsenen Fichtenzapfen.

Ein Beitrag

zur

Morphologie der Nadelhölzer

von

Dr. G. Stenzel,

M. d. A. d. N.

Mit 4 lithographischen Tafeln Nr. 12—15.

Eingegangen bei der Akademie den 10. Febr. 1876.

DRESDEN.

1876.

Druck von E. Blochmann & Sohn.

Für die Akademie in Commission bei Fr. Frommann in Jena.

Dr. G. Stenzel,

Beobachtungen an durchwachsenen Fichtenzapfen.

Die Deutung der Nadelholzblüthe ist trotz der zahlreichen Untersuchungen, welche über dieselbe angestellt worden sind, immer noch in wesentlichen Punkten streitig. Musste die weite Verbreitung und die ausserordentliche Wichtigkeit dieser Familie für die Landstriche, welche sie bewohnt, ebenso sehr wie die eigenartige Gestaltung fast aller Organe und Gewebe zu solchen Untersuchungen veranlassen, so erschwerte gerade diese Eigenartigkeit die Beantwortung der sich aufdrängenden Fragen, indem dadurch eine Vergleichung mit verwandten Familien fast ganz ausgeschlossen wird. Es mag daher die Mittheilung einiger Beobachtungen nicht ungerechtfertigt sein, welche zur Beantwortung einer jener Fragen einen Beitrag liefern können, einiger Beobachtungen nämlich an durchwachsenen Fichtenzapfen.

Im Sommer 1865 wurde ich an einer umgestürzten Fichte (*Picea excelsa* Lk.) an der Seifenlehne über Krummhübel im Riesengebirge auf einige sonderbar missgebildete Zapfen aufmerksam, welche am Ende in kurze, mit regelmässig gebildeten Nadeln besetzte Zweige ausgingen. Die Fruchtschuppen waren grösstentheils ganz regelmässig, andere aber so wunderlich gekrümmt und mit einander verwachsen, dass sie keine sichere Deutung, sondern nur Vermuthungen zuliessen. Doch durfte ich hoffen, dass weitere Funde diese Vermuthungen bestätigen oder berichtigen, das Zweifelhafte aufklären würden.

Zunächst fanden sich bald die unverkennbarsten Uebergänge von Nadeln
in die Deckschuppen des Zapfens und bestätigten auch für die Fichte die
gleiche Natur beider Gebilde. Wo der über den Fruchtzapfen hinaus verlängerte Zweig mit Nadeln von gewöhnlicher Beschaffenheit besetzt ist (Taf. II.
Fig. 10—13), folgen auf diese nach dem Zapfen hin etwas kürzere und breitere
(Fig. 14), aber noch linealische, ungleich vierkantige, dunkelgrüne Nadeln von
derbem Gewebe; dann noch kürzere, länglich dreieckige (Fig. 15, 16), welche
zwar flacher sind, aber am Rücken noch deutlich einen vorspringenden stumpfen
Kiel haben; der Rand wird dünn und zeigt durch schwach wellige Aus- und
Einbiegungen die erste Andeutung von Zähnen, doch ist die Nadel noch grün
und scharf vom Blattgrunde (g) abgegliedert. Diese Abgliederung wird in dem
Masse undeutlicher (Fig. 17) und verschwindet endlich ganz (Fig. 18, 19), als
die Nadel ganz flach, dünn, zuletzt häutig, der Rand unregelmässig gezähnt
und die grüne Farbe durch eine blassbraune ersetzt wird.

Es spricht diese Uebergangsreihe ausserdem entschieden dafür, dass der
nach dem Abfallen der Fichtennadeln am Zweige stehen bleibende, ohnehin
auffallend weit aus dessen Oberfläche hervortretende Blattgrund nicht als ein
Theil des Stengels, etwa als ein stark vorspringendes Blattkissen zu betrachten
sei, sondern als der untere Theil des Blattes selbst, dass also die Grenze der
Nadel gegen den Stamm unmittelbar an dessen Oberfläche zu suchen sei, wie
bei der Tanne, bei welcher die Nadel auch an dieser Stelle abfällt. Es mag
auf den ersten Blick befremden, dass jene Vorsprünge nicht mit zu dem Stengel
gerechnet werden sollen, mit welchem sie die flaumhaarige Bekleidung gemein
haben, welche der übrigen Nadel fehlt und an welchem sie so lange stehen
bleiben, bis die mit ihnen zunächst zusammenhängende Aussenrinde selbst abstirbt, zerreisst und abgeworfen wird. Ein Hinweis auf die grosse Mehrzahl
unserer Farnkräuter, bei welchen ein noch weit grösserer Theil des Blattstiels
mit dem Stämmchen so lange verbunden bleibt, bis beide zugleich absterben,
würde insofern nicht ganz treffend sein, als hier der obere Theil des Blattes
nicht abgeworfen wird, sondern unregelmässig abstirbt; aber die Bildung einer
Abgliederung ist überhaupt eine sekundäre, oft sehr spät eintretende Erscheinung,
welche auch innerhalb des Blattes z. B. bei gefiederten und gefingerten Blättern
regelmässig eintritt, so dass ihr ein entscheidender Werth für die Umgrenzung
des Blattes nicht beigelegt werden kann. Nur wo die durch sie gebildete

Narbe mit der Aussenfläche des Stengels zusammenfällt, wird sie in der Regel das Blatt wirklich vom Stengel scheiden. Die Achselknospen der Nadeln stehen jedenfalls nicht an der Stelle, wo jene Vorsprünge die Nadeln tragen, sondern tief darunter, in dem Winkel, welchen die Vorsprünge mit der Aussenfläche des Zweiges bilden.[1]

Kann danach über die Blattnatur dieser Grundstücke der Nadeln kaum noch ein Zweifel sein, so zeigen dieselben andererseits eine gewisse Selbstständigkeit darin, dass sie sich, wo die Nadeln in Deckschuppen übergehen, zuweilen in ganz ähnlicher Weise verändern, wie die Knospenschuppen beim Uebergang in Fruchtschuppen: sie werden breiter, verdicken sich stark und nehmen die für die jungen Fruchtschuppen bezeichnende braunrothe Farbe an (Taf. II. Fig. 12 g), während der obere Theil der Nadel ganz die Beschaffenheit der Uebergangsform zwischen Nadel und Deckschuppe bewahrt. Es erinnert diese Erscheinung, nach der von Alexander Braun gegebenen Beschreibung zu urtheilen,[2] an eine bei *Podocarpus Chinensis* zuweilen vorkommende fleischige Anschwellung der Blattkissen und könnte wohl die Frage anregen, ob diese nicht wenigstens in ihrem oberen Theile als Blattgrund zu betrachten seien — eine an sich geringfügige Frage, deren Beantwortung gleichwohl für die morphologische Deutung des Eichens von Gewicht sein kann. Auch bei der Fichte erstreckt sich die verkehrt-eiförmige, zuweilen fast herzförmige Verdickung des Blattgrundes auf die am Stengel herablaufende Blattspur, wenn auch wohl weniger weit, als bei *Podocarpus Chinensis,* ohne dass daraus das Zugehören der ganzen Anschwellung zum Stengel gefolgert werden könnte. Zahlreiche Beispiele übereinstimmender Bildung des Blattgrundes und des unter ihm liegenden Stengeltheils beweisen nur die organische Verbindung beider zu der höheren Einheit des beblätterten Sprosses — eine Wechselbeziehung, über welche ich früher einige Betrachtungen veröffentlicht habe, auf welche ich wohl hier verweisen darf.[3]

Am naturgemässesten erscheint es, jene Grundstücke der Fichtennadeln dem Scheidentheil und Stiele der Blätter gleichzustellen, mit welchem dann

---

[1] Dies zeigen auch die in Fruchtschuppen sich umbildenden Knospen Taf. I. Fig. 32, II. Fig. 25.

[2] Monatsber. d. Berliner Ac. d. Wiss. 1869. S. 741.

[3] Flora 1864. Nr. 22 u. 24. S. 337—47; 369—75.

auch die Fruchtschuppen, so wie die in diese übergehenden Knospendeckschuppen gleichwerthig sind. Dagegen müssen die zu den Hochblättern gehörenden Deckblätter der Fruchtschuppen sowie die unter ihnen an der Zapfenspindel stehenden kleinen Schuppen, welche leeren Deckblättern entsprechen (Taf. I. Fig. 13 s), trotz ihres niederblattähnlichen Aussehens als ganze Blätter betrachtet werden. Das lehrt nicht nur der oben angeführte Uebergang in Nadeln, sondern ebenso sehr die Umbildung beider in Staubgefässe.

Mittelbildungen zwischen Nadeln und Staubgefässen lassen sich am ausgezeichnetsten an einer durchwachsenen Staubgefässblüthe d. h. einem kurzen, unten rings herum mit Staubgefässen, oben mit grünen Nadeln besetzten Zweige (Taf. I. Fig. 1, 2) verfolgen, wie sie ähnlich bisher nur bei *Podocarpus Chinensis* von Alexander Braun aufgefunden worden ist.[1] Dieselbe bildete den Endtrieb eines mit gewöhnlichen Nadeln und gegen das Ende mit mehreren regelmässig gebildeten Staubgefässblüthen (Fig. 1 b, b′) besetzten Astes und war selbst kaum so lang und wenig dicker als diese. Ueber einigen kleinen geschlossenen Zweigknospen (Fig. 2, k, k′) aus den Blattwinkeln vorjähriger Nadeln folgten wenige verkümmerte Nadeln mit starkem Grundstück und ganz kleiner flacher Spitze; auf diese eine ganze Anzahl Staubgefässe: die unteren (Fig. 3, 4) deutlich gestielt, mit zwei kurzen, der Länge nach aufgesprungenen Staubbeutelfächern (sp, sp′) mit völlig entwickeltem Blüthenstaub, das Mittelband wie bei gewöhnlichen Staubgefässen am Ende in eine rechtwinklig in die Höhe geschlagene Schuppe (m s) verbreitert. Bei den obersten Staubgefässen (Fig. 5, 6) wird das Mittelband (m s) schmaler, schräg, dem ebenfalls schräg aufsteigenden Träger (g) fast gleich gerichtet, die Staubbeutelfächer manchmal durch Schwinden der Scheidewand zusammengeflossen, in einer mondförmigen Spaltel (sp) aufspringend. Dann folgen gestielte, aber noch eiförmige oder eilanzettliche Schuppen (Fig. 7, 8) ohne Staubbeutel, aber noch stumpf gekniet, endlich lanzettliche, gerade, oben flach rinnige, unten gekielte derbe Schuppen (Fig. 9, 10), welche den Uebergang zu den gewöhnlichen Nadeln machen.

Aufs Deutlichste sieht man hier namentlich, dass der fein behaarte Träger des Staubgefässes dem ebenso beschaffenen Blattgrunde in der oben

---

[1] Monatsber. d. Berlin. Ac. d. Wiss. 1869. S. 739.

angenommenen Bedeutung, das Mittelband mit seiner schuppenartigen Ausbreitung der übrigen Nadel entspricht.

Zu demselben Ergebniss in Betreff der Deckschuppen leitet uns die
Untersuchung androgyner Zapfen, welche im Riesengebirge in noch mannig-
faltigerer Ausbildung vorkommen, als sie bis jetzt beobachtet worden sind.
Am häufigsten sind kleine walzenförmige $2\frac{1}{2}$—3 cm. lange und etwa
1 cm. dicke, den gewöhnlichen Staubgefässkätzchen ganz ähnliche, nur etwas
dickere Kätzchen, welche nach der Beschreibung zu urtheilen den von Dickson
an Fichten (*Abies excelsa*) in Peeblesshire auch in grösserer Zahl gefundenen
gleichen. Wie diese waren sie in ihrem unteren Theile mit dicht gedrängten
Staubgefässen, im oberen mit Fruchtschuppen besetzt, welche bald die Hälfte,
seltener den grösseren Theil, am häufigsten nur das obere Drittel oder Viertel
einnehmen (Taf. I. Fig. 11 f). Solche Zapfen finden sich vereinzelt an vielen
Stellen; zu Hunderten habe ich sie unter einer alten Fichte unweit der Brücken-
berger Mühle am Wege nach Krummhübel gesammelt.[1] Staubgefässe und
Fruchtschuppen sind scharf gegeneinander abgegrenzt, so dass allmähliche
Uebergänge von Staubgefässen in Deckblätter an einem und demselben Zapfen
sich kaum finden werden. Wohl aber habe ich, wie schon Dickson bei den
schottischen Zapfen, an der Grenze zwischen Staubgefässen und Fruchtschuppen
nicht selten einzelne der ersteren mit schmaler Mittelschuppe gefunden, eine
Annäherung an die Gestalt der Deckblätter, sowie häufig Staubgefässe, welche
in ihrer Achsel Fruchtschuppen trugen.

Noch mannigfaltiger sind diese Uebergangsstufen an Fichtenzapfen,
welche nur an einzelnen Stellen Staubgefässe tragen: meist, wie bei den vorigen,
am Grunde (Taf. I. Fig. 13), seltener unter den Fruchtschuppen zerstreut oder,
was nur sehr vereinzelt vorkommt, in der Mitte des Zapfens in einem Gürtel
(Fig. 12 st), über und unter welchen sich Fruchtschuppen entwickelt haben.

Hier finden wir über den kleinen Schuppen unter dem Zapfen (Fig. 13 s)
einige noch fast ganz gleich gebildete, mit breitem Grunde sitzende, lanzett-

---

[1] Sie waren hier offenbar kurz nach dem Ausstreuen des Blüthenstaubes abgefallen;
die im oberen Theile stehenden Fruchtschuppen sind also wohl nur ausnahmweise entwickelungs-
fähig. In einigen der folgenden Jahre habe ich unter demselben Baume wiederholt vergeblich
nach einem einzigen dieser androgynen Zapfen gesucht; auch sie haben, wie es scheint, ihre
Jahre, wie die wirklichen Fruchtzapfen.

liche, am Raude gewimperte, noch fast gerade Schuppen (Fig. 14, 15), auf
dem Rücken mit einem eiförmigen Staubbeutel (s b), welcher geschlossen bleibt,
nur durch eine kaum merkliche Furche die Bildung von 2 Fächern andeutet
und der zum Mittelbande gewordenen Schuppe fast wie ein fremder Körper
ausitzt. Dann folgen Bildungen (Fig. 16—18), bei denen der Grund (g) schon
so verschmälert ist, dass er einen deutlichen Stiel bildet; der kurze zwei-
fächrige Staubbeutel ist an einer Seite aufgesprungen (Fig. 17 s p), die stark
verbreiterte Mittelschuppe (m s) biegt sich unter stumpfem Winkel nach oben.
Bei anderen (Fig. 19, 20) geschieht dies schon in einem so starken Bogen,
dass die Endschuppe des Mittelbandes senkrecht aufgerichtet ist — von hier
zum gewöhnlichen Staubgefäss (Fig. 21—23) ist nur noch ein kleiner Schritt.
An so gestalteten Zapfen finden sich aber wie bei den oben angeführten androgynen Zapfen ausserdem sehr häufig kleinere oder grössere Fruchtschuppen,
deren Deckschuppen die verschiedenartigsten Umbildungsstufen in Staubgefässe
zeigen; bald sind sie noch dreieckig mit breitem Grunde (Fig. 26 d, 27, 28),
obwohl stets gerade aufrecht, der Fruchtschuppe dicht anliegend, der Staubbeutel nur wie ein äusserlicher Anhang aus dem Rücken der Deckschuppe
herausgebildet; bald sind sie lanzettlich mit verschmälertem Grunde (Fig. 24 d, 25),
dem Träger eines Staubgefässes nahe kommend, mit kleinem, geschlossen blei-
beibenden, aber mit vollkommen ausgebildetem Blüthenstaub erfülltem Staubbeutel (s b). Die letzte Schuppe stammt mitten aus einem Zapfen von einer
Fichte unter dem grossen Teiche, welchen man nicht eigentlich einen androgynen nennnen kann, da nirgends an ihm für sich ausgebildete Staubgefässe
auftreten. Aehnliches findet sich aber auch sonst an den kleinen Zapfen, wie
sie die niedrigen Fichten an der oberen Baumgrenze im Riesengebirge tragen;
mitten unter regelmässigen Deckschuppen trifft man einzelne Staubbeutel
tragende an.

Diese, wie schon oben erwähnt, auch von Dickson häufig beobachtete
Bildung entzieht der Annahme von Parlatore [1]) den letzten Boden, dass das
Konnektiv des Staubgefässes als ein Deckblatt anzusehen sei, in dessen Achsel
die Staubgefässe entspringen, deren Träger mit dem Deckblatt verwachsen,

---

¹) Studi organografici p. 22, 23.

deren einfächrige Beutel nach dem Rande oder selbst auf die untere Fläche desselben verschoben seien. Lässt schon die Art der Entwickelung der Bau und die bisher beobachteten Bildungsabweichungen nichts auffinden, was für diese Annahme spräche, welche auch von Parlatore nur auf die Voraussetzung gegründet ist, dass weibliche und männliche Kätzchen einen·wesentlich übereinstimmenden Bau haben, so ist das häufige Vorkommen von Staubgefässen, welche in ihrer Achsel Fruchtschuppen, also nach seiner eigenen Annahme axillare Sprosse tragen, damit nicht wohl vereinbar; denn hier würde ein und dasselbe Deckblatt in seiner Achsel hinter einander zwei ganz verschiedene Sprosse haben: vorn einen Staubgefäss-tragenden, dahinter einen die Fruchtschuppe bildenden — eine im höchsten Grade unwahrscheinliche Annahme.

Wie uns die bisher besprochenen Beobachtungen zur richtigen Deutung der Deckschuppe im Fruchtzapfen und ihrer einzelnen Theile leiten, so wird durch sie zugleich die zuerst von Hugo Mohl an hermaphroditen Blüthenkätzchen von *Pinus alba* überzeugend nachgewiesene Gleichwerthigkeit der Staubgefässe der Abietineen mit einfachen Blättern auch für die Fichte auf breiterer Grundlage, als das bisher geschehen war, bestätigt.

Einen ungleich wichtigeren Beitrag aber können, wie ich glaube, Beobachtungen an durchwachsenen Fichtenzapfen zur endlichen Lösung einer noch unentschiedenen Streitfrage liefern, zu der Frage nach der eigentlichen Natur der Fruchtschuppe der Abietineen, mit welcher die weitere, ob dieselben Gymnospermen seien oder nicht, auf's engste zusammenhängt.

Durchwachsene Zapfen sind unter den einheimischen Nadelbäumen bis jetzt nur bei der Lerche in grösserer Zahl gefunden worden, unter ihnen, obwohl nur selten, auch solche, welche Mittelbildungen zwischen Fruchtschuppen und Zweigknospen trugen und dadurch die morphologische Deutung der ersteren durch Alexander Braun und später durch Caspary möglich gemacht haben [1]). Bei den nicht eben zahlreichen Zapfen dieser Art, ·welche ich selbst habe untersuchen können, folgten wie gewöhnlich auf die obersten Fruchtschuppen

---

[1]) Da Strasburger in seinem umfangreichen Werke „Die Coniferen und Gnetaceen, eine morphologische Studie. Jena 1872" die hierher gehörige Literatur ausführlich zusammengestellt hat, würde es überflüssig sein, die bei ihm leicht aufzufindenden Stellen hier besonders anzuführen; nur bei einigen mehr vereinzelten Anführungen schien eine Angabe am Platze zu sein.

unmitttelbar wenig veränderte Nadeln ohne Achselknospen; sie konnten daher keinerlei Aufschluss über die Beziehungen dieser Theile zu einander geben. Bei der Kiefer (*Pinus silvestris* L.) und dem Knieholz (*Pinus Mughus Scop. subsp. Pumilio Hänke*) waren meine Nachsuchungen ganz vergeblich, obwohl ich von dem letzteren namentlich viele Hunderte von Sträuchern mit zahlreichen Zapfen auf den verschiedensten Entwickelungsstufen durchsucht habe: von dem Felsgeröll unter dem grossen Teich und von dem unwegsamen Dickicht der kleinen Koppe; von den steilen, theils felsigen, theils grasreichen Abhängen an den Teichen und der Melzergrube, wie von den ebenen oft sumpfigen Moorflächen des Koppenplans, des Mittelberges und des Forstkamms.[1] Und doch ist nach der Auffindung durchwachsener Zapfen bei der Pinie das Vorkommen ähnlicher Bildungen bei unseren Kieferarten keineswegs unwahrscheinlich; leider scheint sie ausserordentlich selten zu sein, was um so mehr zu bedauern ist, als wir durch sie vielleicht Aufklärung über die morphologische Natur der, der Fruchtschuppe der Tannen und Fichten fehlenden, zuletzt oft hakenförmig zurückgekrümmten Dornspitze erhalten würden, welche Strasburger, wie ich

---

[1] Von anderweitig interessanten Bildungsabweichungen habe ich beim Knieholz nicht selten Nadelbüschel mit je drei Nadeln gefunden, an manchen Zweigen in ziemlicher Anzahl, die Nadeln ebenso kräftig entwickelt, wie in den zweinadligen Büscheln. Diese Bildung ist hier viel häufiger, als bei der gemeinen Kiefer, wo sie mir nur einige Male an ungewöhnlich kräftig entwickelten Seitenzweigen vorgekommen ist, namentlich bei Verstümmelung des Haupttriebes, an denselben Zweigen, an welchen sich hier und da die gewöhnlich verkümmernde Knospe zwischen den Nadeln eines Paares zu einem vollständigen Laubzweige entwickelt hat. An einem Knieholzstrauche auf dem Koppenplan über der Hampelbaude fand ich den dreijährigen, nur 4 cm. langen Trieb mit 17 dichtgedrängten, überreifen Zapfen besetzt, von denen nur einer erbsengross und unentwickelt geblieben war. Die übrigen waren 1½ cm. lang, die oberen aufrecht abstehend, die mittleren wagerecht, die untersten abwärts gekrümmt, offenbar durch die darüber stehenden gedrängt. Eine spiralige Anordnung tritt, da die Zapfen offenbar mehrfach aus ihrer ursprünglichen Richtung gedrückt sind, nicht deutlich hervor; da aber sonst gewöhnlich nur 2—3, zuweilen 5, sehr selten bis 7 Zapfenanlagen um eine Endknospe herumstehen, von denen dann fast stets mehrere verkümmern, so kann man wohl hier annehmen, dass die Zapfen an der Stelle von Nadelbüscheln oder Staubgefässblüthen stehen, wie das Cramer (Bildungsabweichungen bei einigen wichtigeren Pflanzenfamilien. Zürich 1864.; S. 3) bei den von ihm beschriebenen Zweigen der Legföhre (*Pinus Pumilio Hänke*) annimmt. Auch hier scheinen die Zapfen eher die Stelle der Staubgefässblüthen zn vertreten, welche sich sonst statt der Nadelbüschel entwickelt haben würden, denn mehrere der oberen Seitenzweige unseres Astes tragen Quirle von Staubgefässblüthen, keiner eine Zapfenanlage; und doch trägt derselbe Knieholzzweig in der Regel stets männliche oder stets weibliche Blüthen.

glaube ohne ausreichenden Grund, für das verhümmernde Ende der Zweigachse hält.

Von der Tanne (*Abies alba Mill.*), deren Zapfenspindel eine viel grössere Selbstständigkeit zeigt, als die der Fichte und daher ein Auswachsen in einen benadelten Zweig am ersten erwarten liess, ist es mir bisher nur gelungen, einen einzigen durchwachsenen Zapfen zu finden. In den Gipfelzweigen einer durch den Sturm umgestürzten Tanne zwischen Langenau und Wölfelsdorf in der Grafschaft Glatz stand unter zahlreichen regelmässig ausgebildeten, wiewohl auch nicht grossen Zapfen ein besonders kleiner, der an der Spitze in einen Schopf Nadeln ausging (Taf. I. Fig. 29).

Die Nadeln der Tannen sind keineswegs, wie fast alle Floren ohne Einschränkung angeben, sämmtlich am Ende zweispitzig, ausgerandet oder auch nur stumpf. Es gilt dies nur von den Nadeln an den unteren und mittleren Seitenzweigen. Schon Rossmässler [1]) giebt ganz richtig an, dass die „des Herztriebes und im obersten Wipfel auch die der Längstriebe der Zweige davon eine merkwürdige Ausnahme machen, indem sie, wie die Fichtennadeln, einspitzig sind.“ Ausserdem sind sie aber an den Zweigen des Wipfels längs der Mittellinie so bedeutend verdickt, und nicht zweizeilig nach rechts und links gerichtet, sondern nach oben gewendet, dass diese sämmtlichen Zweige eine überraschende Aehnlichkeit mit kräftig gewachsenen Fichtenzweigen erhalten (n). Diesen Nadeln ähnelten die am Ende des Zapfens. An dessen Stiele folgten auf kleine, flache, am Ende abgerundete braune Schüppchen nach oben spitze, dann lang zugespitzte und bildeten so unverkennbar den Uebergang in die Deckschuppen; diese selbst waren im unteren Theile des Zapfens in der Mitte stark verbreitert und wie gewöhnlich über den unteren Fruchtschuppenrand zurückgeschlagen; im oberen Theile schmaler, am Ende abstehend, noch weiter nach oben aufrecht und gingen so ganz unmerklich in lineallanzettliche, sichelförmig gekrümmte, langspitzige Nadeln über, welchen am Ende des Triebes kurzspitzige, gewöhnliche Nadeln folgen (n′).

Konnte somit an der wesentlichen Uebereinstimmung von Deckschuppen und Nadeln auch hier kein Zweifel bleiben, so boten dagegen die Fruchtschuppen keinerlei Anhalt zu einer morphologischen Deutung. Wie bei der

---

[1]) Der Wald. 2. Aufl. S. 341 f.

grossen Mehrzahl der bis jetzt aufgefundenen durchwachsenen Nadelholzzapfen
waren die obersten Fruchtschuppen kleiner, die letzten winzig, ohne deutliche
Samenanlage, sonst aber in keinem wesentlichen Stücke von den gewöhnlichen
Fruchtschuppen verschieden.

Von ungleich günstigerem Erfolge waren meine Nachsuchungen bei der
Fichte (*Picea excelsa* Lk.), so wenig ein solcher gerade hier erwartet werden
konnte, da diese Bildung an wildwachsenden, also unter natürlichen Lebens-
bedingungen stehenden Fichten noch nicht gefunden worden war. Die von
Oersted beobachteten rühren von einer im botanischen Garten von Upsala an-
gebauten und strauchartigen, also verkrüppelten Fichte her; Oersted selbst
nennt sie eine strauchartige Varietät. Nur der, vom Oberforstmeister v. Panne-
witz in der botanischen Section der schlesischen Gesellschaft für vaterländische
Cultur am 23. April 1857 vorgezeigte „Fichtenzapfen, dessen Aehse in einen
nadeltragenden Zweig mit normaler Endknospe ausgesprosst war"[1]), stammte
vermuthlich von einem wildwachsenden Baum, wenn auch jede nähere Angabe
über denselben fehlt.

Von den hochgewachsenen Bäumen der tieferen Lagen freilich
gelingt es bei uns nur selten, einen durchwachsenen Zapfen zu erhalten und
zwar nicht allein der grossen Höhe wegen, in welcher hier überhaupt die
Zapfen meist hängen; Bildungsabweichungen sind hier wirklich seltener. Ich
habe in den Forstschlägen verschiedener Gegenden des schlesischen Gebirges
genug Fichten, deren Wipfel mit Zapfen oft wie überschüttet war, durchsucht,
um das mit Zuversicht aussprechen zu können. Ja selbst in höheren Lagen,
wie z. B. auf dem langen Rücken des 900 m. hohen Heidelberges bei Landeck
habe ich in diesem Sommer an den 3—6 m. hohen, vielfach fruchttragenden
Fichten keine einzige Durchwachsung gesehen.

Die eigentliche Heimath derselben ist der Waldsaum an der oberen
Grenze des Baumwuchses. Hier, wo bei der Kürze und der geringen
Wärme des Sommers, dem häufigen Schneebruch und der Gewalt des Windes
die dünne Erdschicht über dem felsigen Grunde keinen geschlossenen Bestand
mehr aufkommen lässt, sind selbst die starken, 20—30 m. hohen Fichten bis
an den Boden mit dicht belaubten, abwärts gebogenen Aesten besetzt, und

---

[1]) Jahresbericht der schles. Ges. 1857. S. 67.

geben, die schwächeren und jüngeren überragend, die prachtvollsten Bilder eines urkräftigen Baumwuchses, welche unser Gebirge aufzuweisen hat. Wenige Schritte höher: und niedrige, 5—6 m. oft aber kaum mannshohe, häufig umgebrochene und dann wieder in die Höhe gewachsene Bäume, die nach dem Kamme des Gebirges gerichteten Aeste durch den Sturm abgebrochen, nur kümmerlich belaubte Zweige thalabwärts ausgestreckt geben sie ein, den Freund des Waldes lebhaft ergreifendes Bild von dem Kampfe, welchen diese Vorposten mit den feindlichen und endlich überlegenen Gewalten des Wetters zu bestehen haben. Gerade in diesem etwa 100 m. hohen Gürtel findet am häufigsten die nur unvollständige Umbildung eines Zweiges in einen Zapfen statt. Man ist kaum berechtigt anzunehmen, dass die Wachsthumsbedingungen überhaupt der Fruchtbildung hinderlich oder auch nur ungünstiger seien, als der des ganzen Baumes. In guten Zapfenjahren, wie die Sommer von 1872 und 1874 waren, sind viele dieser Bäumchen am Saume des Hochwaldes mit so vielen braunrothen[1]), freilich nur 5—6 cm. langen Zapfen besetzt, dass man sie schon aus weiter Ferne erkennt. In solchen Jahren habe ich auf keinem Ausfluge vergeblich nach durchwachsenen Zapfen gesucht, namentlich an den bei der dichten Beästung meist ohne Schwierigkeit zu erreichenden Gipfelzweigen. Unter den Teichen, an der Seifenlehne und dem Gehänge, im Melzer- und Riesengrunde, am Westabhang der schwarzen Koppe, namentlich aber auf dem Rücken des Forstkammes über den Forstbauden habe ich nach und nach über 60 durchwachsene Fichtenzapfen gefunden, zu welchen einer von Langenau in der Grafschaft Glatz und im letzten Sommer noch eine kleine Anzahl vom Glätzer Schneeberge und dem nahen schwarzen Berge gekommen sind.

Schon in ihrer **äusseren Ausbildung** sind dieselben von einer Mannigfaltigkeit, wie sie bisher kaum bei einer anderen Nadelholzart gefunden worden

---

[1]) Hellgrüne Zapfen, wie sie im Thale nicht selten sind, erinnere ich mich hier nie gesehen zu haben. Da gewöhnlich ein Baum lauter rothe oder lauter grüne, höchstens an der Sonnenseite roth angeflogene Zapfen trägt, wäre es wohl der Mühe werth zu ermitteln, ob hier die Bildung zweier Rassen beginnt, welche auch durch andere, mit der Zapfenfarbe regelmässig zusammen vorkommende Merkmale sich unterscheiden. Ueberhaupt würde durch derartige Untersuchungen bei unseren Waldbäumen, z. B. der Eiche, mancher zwar mühevoll erlangte, aber für die Einsicht in die Enstehung von Rassen und Arten werthvolle Beitrag gewonnen werden können.

sind. Von grossen, kräftig entwickelten Zapfen, an deren Spitze uur ein zuweilen kaum bemerkbares Büschel grüner Nadeln hervorsprosst, wie der Taf. II. Fig. 8 abgebildete Zapfen aus dem Riesengrunde, finden sich alle Uebergänge bis zu ganz benadelten Zweigen, an denen nur vereinzelte braunrothe Fruchtschuppen auftreten, wie der Zweig von der Seifenlehne Taf. II. Fig. 11. Ein Mal trug nur ein einziges Deckblatt in seinem Winkel eine Fruchtschuppenknospe (Taf. III. Fig. 25); ja als erste Stufe zur Umbildung eines Laubzweiges in einen Zapfen reihen sich diesem letzten unmittelbar solche an, welche noch gar keine Fruchtschuppe tragen, deren Nadeln aber im unteren Theile des Zweiges zuweilen auf Strecken von mehreren Centimetern in breite, eng angedrückte Deckschuppen umgewandelt sind, denen oben gewöhnliche Nadeln folgen: eine sonderbare Bildung, welche ich gleichwohl mehrmals in verschiedenen Gegenden gefunden habe.

Zwischen diesen äussersten stehen die zahlreichen Mittelbildungen, bei denen bald der Nadelzweig noch kurz ist, wie Taf. IV. Fig. 25; Taf. I. Fig. 30, II. Fig. 13; bald dem Zapfen etwa gleich, wie Taf. III. Fig. 1; Taf. II. Fig. 9, beide von umgestürzten und bereits vertrockneten Fiehten, die erste von Krummhübel, die zweite vom Belvedere bei Langenau in der Grafschaft Glatz; bald endlich den Zapfen, der in demselben Masse kleiner bleibt, mehr und mehr übertrifft, wie Taf. II. Fig. 12 und Fig. 10 vom Abfluss des kleinen Teichs. Fast regelmässig entwickeln sich hier die Fruchtschuppen auf einer Seite des Zweiges stärker und drängen die Spitze desselben nach der anderen Seite, gewöhnlich nach oben, während der regelmässig ausgebildete Zapfen sich abwärts neigt. Zuweilen bleibt die innere Seite des Zweiges ganz mit grünen Nadeln und ihren Uebergängen in Deckschuppen besetzt, ohne dass sie Fruchtschuppen tragen, so dass der Zapfen in einem Längsstreifen unterbrochen, gewissermassen halbirt ist (Taf. II. Fig. 12). In seltenen Fällen ist der Zapfen am Grunde verlängert, mit nadelartigen Deckblättern besetzt, zwischen denen sich nur vereinzelte Fruchtschuppen ausgebildet haben, wie Taf. IV. Fig. 25.

Während Caspary unter mehr als hundert durchwachsenen Lerchenzapfen nur wenige mit Uebergängen von den holzigen Fruchtschuppen zu Achselknospen fand, Strasburger sogar viele Hunderte übrigens ganz normal entwickelte oder nur mit verbildeten Knospen in den Blattachseln des End-

triebes in Händen gehabt hat, finden sich bei den durchwachsenen Fichtenzapfen häufig Mittelbildungen zwischen Fruchtschuppen und Knospendeckschuppen. Dieselben sind dabei so verschiedenartig gestaltet, dass es
schwer ist, in dieser geradezu verwirrenden Mannigfaltigkeit den Schlüssel
zum richtigen Verständniss zu finden. Wir versuchen dies, indem wir von
der Betrachtung der Zweigknospe ausgehen, über deren morphologische Deutung
kein Zweifel ist, und ihre Umbildung in die Fruchtschuppe, deren eigentliche
Natur erst ermittelt werden soll, verfolgen.

Ein Fichtenzapfen vom Glätzer Schneeberge (Taf. I. Fig. 30) mit regelmässig ausgebildeten Fruchtschuppen, nur dass dieselben am Vorderrande auffallend tief ausgerandet und daher zweispitzig sind, eine bei durchwachsenen
Fichtenzapfen nicht selten Erscheinung (vergl. Taf. II. Fig. 8, 9), ging am
Ende in einen kurzen Laubzweig aus. Mehrere der untersten, noch deck-
schuppenartigen Nadeln dieses letzteren tragen in ihren Winkeln Zweigknospen (k), welche den regelmässig entwickelten noch ganz ähnlich sind.
Aber selbst bei der obersten (Fig. 31—34) sind die beiden seitlichen Knospen-
deckschuppen (l, r), welche sonst stark gewölbt das Innere der Knospe eng
umschliessen, aufgerichtet (r) oder schon etwas zurückgebogen (l), nur die
Spitzen noch nach innen gekrümmt. Der Rand ist noch gewimpert, aber die
Masse bis auf die dünnhäutig gebliebene Spitze derb, braunroth, ganz von der
Beschaffenheit der Fruchtschuppen des Zapfens, was besonders deutlich bei der
Seitenansicht (Fig. 32 r) hervortritt. Die folgenden Knospenschuppen sind noch
ziemlich geschlossen; nur bei der vorderen, welche auch schon etwas derber
und bräunlich roth ist, sind die Ränder etwas zurückgerollt (Fig. 32 v, 33 v);
die hintere (Fig. 34 h) und die inneren seitlichen (r′, l′) Knospenschuppen dagegen sind fast ganz von der gewöhnlichen Beschaffenheit.

Die zweite Knospe von oben (Fig. 35—37) zeigt eine etwas weiter
fortgeschrittene Umbildung. Die Deckschuppe (d) zeigt durch ihren mittleren
Kiel, ihre grüne Farbe und ihre Abgliederung vom Blattgrunde noch eine Annäherung an die Nadeln; die seitlichen Knospenschuppen aber sind ganz derb,
braunroth, weiter zurückgebogen und, was schon bei der vorigen Knospe sehr
deutlich hervortrat, mit ihren hinteren (dem Aste zugewendeten) Rändern genähert und der Knospe anliegend (Fig. 34 und 36 r, l), die vorderen Ränder
dagegen weit auseinander gerückt (Fig. 33, 37), so dass hier das Innere der

Knospe ganz offen daliegt. An dieser ist die hintere Knospenschuppe (Fig. 36 h) kaum verändert, die vordere dagen (Fig. 37 v) mit ihrem linken Rande so weit nach rechts zurückgeschlagen, dass nur noch die Verwachsung der Ränder zur Bildung einer flachen Röhre fehlt, wie wir sie bei anderen Knospen an dieser Stelle antreffen. Auch die innere linke Knospenschuppe (Fig. 35, 37 l) ist braunroth, lederartig, und ihr gefalteter Vorderrand hat einen durch einen tiefen Einschnitt getrennten zahnartigen Anhang ausgebildet — eine der zahlreichen, bei weiter verbildeten Knospen an den inneren Knospenschuppen auftretenden sonderbaren Missbildungen, welche die richtige Deutung dieser Schuppen oft auf's Aeusserste erschweren.

Unmittelbar darunter stehen kleine, sonst aber schon ganz frucht-schuppenartige Gebilde (Taf. I. Fig. 38—40; 41, 42). Wie ihre Deck-schuppen (d), welche am Grunde nicht mehr abgegliedert und fast ganz häutig sind, doch durch die Verdickung ihrer Mitte noch auf ihre Umbildung aus Nadeln hinweisen, so deutet die in ihrer Achsel stehende Schuppe ihren Ur-sprung aus einer Zweigknospe unverkennbar an. Eine stetige Reihe von Zwischenstufen, welche diesen Zusammenhang über jeden Zweitel erhöben, habe ich an keinem Fichtenzapfen gefunden. Auch hier folgt unterhalb der eben geschilderten, reich entwickelten Knospen ein flaches, derbes, braunrothes Blatt. Der ganze innere Theil der Knospe ist unentwickelt geblieben. Aber wenn schon bei den beiden darüber stehenden Knospen die beiden äusseren rechts und links stehenden Schuppen hinten genähert, vorn dagegen weit aus-einander gerückt und mit ihren Vorderrändern nach aussen gewendet, in ihrer Beschaffenheit endlich von Knospenschuppen völlig verschieden, dagegen jungen Fruchtschuppen ganz ähnlich waren, so springt die Uebereinstimmung mit den beiden in der Mitte verwachsenen Theilen der fruchtschuppenartigen Ueber-gangsbildung (Fig. 38—40 r, l) in die Augen. Die beiden Schuppen sind hinten verwachsen, ihre Ränder theils nach innen, theils nach aussen gefaltet und vorspringend — der Zusammenhang der Theile ist am deutlichsten in dem Grundriss Fig. 40 zu erkennen, welcher einem durch die Mitte geführten Querschnitte entspricht — ja selbst der wohl nur zufällige Umstand, dass die nächsthöhere Knospe rechts eine breitere und weniger spitze Schuppe hat (Fig. 35, 37 r), links eine schmalere und spitzere (l) wiederholt sich hier. An den tiefer stehenden Schuppen (Fig. 41, 42) schwindet mehr und mehr die

Naht, am Grunde zeigen sich die ersten Spuren der Anlage von Eichen und so gehen sie durch einige Mittelstufen in die zweispitzigen Fruchtschuppen des Zapfens über.

Einen ähnlichen Entwickelungsgang zeigt ein durchwachsener Zapfen von einer niedrigen Fichte vom Rücken des Forstkamms über dem Tafelstein (Taf. II. Fig. 13). Im Winkel zweier kurzer Nadeln des Endtriebes sitzen zwei Knospen (k), deren beide äussere seitliche Schuppen (Fig. 20 r, l) wie bei den vorher beschriebenen steif, derb, braunroth, von der Knospe abgebogen sind, die rechte aufrecht abstehend, die linke fast wagerecht, der Vorderrand beider so stark nach aussen gekrümmt (Fig. 22 r, l), dass sie hier weit auseinander weichen, während sie sich hinten noch fast berühren. Die übrigen Knospenschuppen haben noch ganz ihre dünnhäutige Beschaffenheit behalten, sind aussen flaumig behaart und der Knospe dicht anliegend, wie die hintere (h) und die beiden inneren Seitenschuppen (r' l'); nur die vordere, welche schon bei dem Zapfen vom Glätzer Schneeberge fruchtschuppenartig und bei der einen Knospe zusammengefaltet war (Taf. I. Fig. 35, 37 v), ist hier zu einem trichterförmig erweiterten, mehrkantigen Stiel zusammengezogen (Taf. II. Fig. 20—23 v). Zwischen die tragende Nadel und die Knospe eingezwängt hat derselbe die inneren Schuppen so stark eingedrückt (Fig. 23 v), dass es beim Auseinanderbiegen der Knospentheile zuerst den Anschein hat, als wenn diese Schuppen mit ihren nach vorn ausspringenden Kanten den Stiel umfassen; erst wenn man diesen selbst zurückbiegt, sieht man die eingedrückten, sich deckenden Ränder der inneren Schuppen (r', l').

Eine fast gleiche Ausbildung zeigt die dieser benachbarte Knospe (Taf. II. Fig. 24—27). Das noch ganz nadelähnliche Deckblatt (d) verdeckt die etwes breitere, oben trichterförmig erweiterte vordere Knospenschuppe (v); die rechte (r) ist, wie vorher, fast aufrecht, die linke (l) aber noch breiter, stärker nach aussen gekrümmt und einer Fruchtschuppe ähnlicher als dort, während die übrigen Schuppen noch ganz ihre regelmässige Beschaffenheit und Lage behalten haben. Besonders wenn man diese Knospen von oben betrachtet — Fig. 22 von vorn-oben, Fig. 27 von oben — tritt es deutlich hervor, wie die beiden äusseren Knospenschuppen, welche in ihrer ganzen Beschaffenheit Fruchtschuppen gleichen, hinten noch fast aneinander stossend, vorn weit auseinander weichen und so in eine, nur noch um die Knospe gebogene, schwach gewölbte Fläche zusammentreten, welche als der Anfang der Umbildung in eine Fruchtschuppe erscheint. In dem Masse, als die übrige Knospe schwindet, entwickeln sich die Anfänge zu einer Samenanlage auf der Rückseite jedes der beiden Blätter, aus welchen die Fruchtschuppe entstanden ist.

So zeigen sich die ersten Stufen der Umbildung in Fruchtschuppen bei Zweigknospen, welche nahe über den obersten Fruchtschuppen des durchwachsenen Zapfens stehen. Ist die Zapfenspindel noch weniger verlängert, so dass nur ein grünes Nadelbüschel über die rothen Schuppen hervorragt (Taf. II. Fig. 8), so fehlen Zweigknospen ganz; ist umgekehrt der durchwachsende Zweig von grösserer Länge, so dass die, wie gewöhnlich unter seiner Spitze stehenden Zweigknospen weit von den obersten Fruchtschuppen entfernt sind (Taf. II. Fig. 9—12), so sind sie ganz regelmässig gebildet; selbst ihre äussersten Schuppen sind dünnhäutig, anliegend, braun und fein behaart. Gerade an diesen Zapfen finden wir aber weiter umgebildete, den Fruchtschuppen näher stehende Knospen, wie sie den Zapfen der ersten Art fehlen.

Ein Gipfelzweig einer im Winter gefällten alten Fichte am Gehänge über Krummhübel (Taf. III. Fig. 1) hatte in seinem unteren Theile in den Winkeln noch etwas an Nadeln erinnernder Deckblätter zahlreiche holzige eng anliegende Fruchtschuppen entwickelt, welche längst abgestorben und braun geworden, sonst aber ganz unverändert einen schlanken Zapfen bildeten, während die Nadeln des darüber weit hinausgewachsenen Zweiges abgefallen waren und nur noch ihren Blattgrund zurückgelassen hatten. Sowohl die untersten, wie die obersten Fruchtschuppen zeigen ausgezeichnete Uebergänge in Zweigknospen, wenn auch in verschiedener Art.

Eine der obersten (Fig. 15—17) erscheint von aussen (Fig. 15) als eine mehrfach gefaltete, im Ganzen aber flache, dreilappige Schuppe, der mittlere Lappen (v) oben mit einem tiefen Einschnitt, dessen Ränder nach innen eingeschlagen sind. Auf der Innenseite erkennt man erst, dass jeder der drei Lappen einem besonderen Theile entspricht. Hier kann man beide Ränder des nach innen flach concaven Abschnittes r bis an den Grund verfolgen, während derselbe auf dem Rücken fast bis oben mit dem mittleren verwachsen ist; der gegenüber liegende l ist stärker nach innen gewölbt, in der Tiefe mit einer deutlichen Anlage zum Flügel eines Samens (a). In ihrem unteren Verlaufe decken die Ränder dieser beiden Stücke in einem schmalen Streifen die Ränder

der Schuppe h, welche die nur wenig veränderte hintere Knospenschuppe ist, was noch deutlicher im Grundriss (Fig. 17) hervortritt. Ihr gerade gegenüber steht der Mittellappen, mit den Rändern nach innen eingerollt (Fig. 16 u. 17 v) und so mehrere unregelmässig verbildete innere Knospenschuppen einschliessend. Er stellt sich so als die vordere Knospenschuppe dar, welche, wo sie die Innenflächen der beiden seitlichen Schuppen (r, l) berührt, mit diesen verwachsen ist, während ihr rechter Rand (Fig. 16 und 17 v′) wieder frei herabläuft. Dass aber diese beiden seitlichen Abschnitte (r, l) den beiden äusseren, rechts und links gestellten Knospenschuppen entsprechen, geht daraus hervor, dass sie über die hintere Knospenschuppe (h) mit ihren hinteren Rändern herübergreifen; ihre ursprünglich nach vorn gewendeten Ränder sind dagegen noch weiter als an den weniger veränderten Knospen (Taf. I. Fig. 31, 35, 37; Taf. II. Fig. 22, 26) nach aussen zurückgeschlagen, so weit, dass die ursprünglich erhabene Aussen- oder Rückenfläche nach der Zweigachse gewendet und mehr oder weniger hohl ist.

In den Grundzügen übereinstimmend, wenn auch im Einzelnen mannigfach gestaltet sind die übrigen Schuppen am oberen Ende des Zapfens. So zeigt die der ersten zunächst stehende (Fig. 18—20) beide Seitentheile so stark nach hinten gekrümmt, wie vorher nur der links stehende, und in gleicher Weise bis an den Saum mit dem Mitteltheile verwachsen. Aber auch hier zieht sich der Hinterrand der seitlichen Abschnitte bis an den Grund der Knospe und deckt den Rand der hinteren Knospenschuppe (Fig. 19 h). Die vordere Knospenschuppe (v) ist hoch aufgerichtet und so stark nach hinten eingeschlagen, dass sie von vorne gesehen fast schnabelartig erscheint. Von oben aber sieht man auch von ihr eine innere verbildete Knospenschuppe eingeschlossen (Fig. 20).

In entgegengesetzter Richtung umgebildet sind die Fruchtschuppen am Grunde desselben Zapfens (bei u). Hier (Fig. 2—14) sind die Seitentheile aufgerichtet, wie bei der zuerst beschriebenen Knospe der rechte Flügel (Fig. 15, 16 r); der mittlere Abschnitt dagegen nur so hoch oder selbst niedriger, als die seitlichen und tief gefaltet und ausgerandet; in demselben Maasse, als der mittlere Theil schwindet, tritt die Vereinigung der beiden seitlichen zur Fruchtschuppe deutlicher hervor. Die einzelnen braunen, holzigen Schuppen im Winkel häutiger, gewimperter Deckblätter (Fig. 4 d) sind von aussen betrachtet von regelmässig entwickelten Fruchtschuppen nur wenig ver-schieden (Fig. 2, 4, 6, 9, 12). Von oben her oder von innen gewahrt man aber bei einigen noch verbildete innere Knospentheile (Fig. 5 und 11 k), welche sich hier und da noch als die inneren, rechts und links stehenden Knospen-schuppen deuten lassen, wie das gefaltete Blatt Fig. 10 und 11, l'. Ueberall aber tritt uns auch hier in der Mitte die, wie gewöhnlich nur wenig veränderte hintere Knospenschuppe (h) so übereinstimmend entgegen, dass über ihre Natur kaum ein Zweifel sein kann; überall wird sie von den Rändern der seitlichen Abschnitte wenigstens unten ein wenig gedeekt (Fig. 8, 11, 14 h), selten stossen diese nur an sie an; niemals greift die hintere Knospenschuppe über die Ränder der Seitentheile herüber. Die ihr gegenüber stehende vordere Knospenschuppe ist flach, nur oben meist mit einer stark nach vorn vorspringenden Falte (v), welche sich nach aussen in einen schmalen aber tiefen Ausschnitt öffnet. Wie schon in den noch wenig veränderten Zweigknospen die vordere Sehuppe zu verholzen beginnt, indem sie derb und am frischen Zapfen braunroth wird, während die hintere noeh häutig bleibt, so erinnert auch die eigenthümliche Faltung der vorderen Schuppe in jenen Knospen (Taf. I. Fig. 35 und 37 v) an die ähnliche Bildung am oberen Theile der eben besprochenen Frucht-schuppen.

Mannigfaltiger ist die Art der Verbindung des mittleren Abschnitts mit den seitliehen. Nirgends verschmelzen diese drei Stücke mit ihren Rändern so, dass sie eine einfaehe Platte bildeten; die ursprünglich schon nach hinten gerichteten Ränder der Seitenstücke lassen sich auch hier überall bis an den Grund der Fruchtschuppe, rechts und links von der hinteren Knospenschuppe verfolgen. An ihre ursprünglich innere, jetzt durch Auswärtsdrehung des Vorder-randes theils nach vorn, theils selbst nach aussen gekehrte Fläche stösst nun die vordere Schuppe an und wächst bald einfach an dieselbe an (Fig. 8 v-l; Fig. 11 v'-r; Fig. 14 v-r), bald sehlägt sie sich weiter nach hinten ein und legt sich, mehr oder weniger mit ihr verwachsend an die ebenfalls nach hinten gerichtete Platte des seitlichen Abschnittes an (Fig. 8 v'-r; Fig. 11 l-v; Fig. 14 l-v). Auf die letzte Art kommen die oft stark nach hinten vor-tretenden doppelwandigen Falten zu Stande, wie sie sich Fig. 3 von y nach hinten (und innen) erstrecken, in Fig. 7 zwischen v' und r; während bei anderen Schuppen noch beide Ränder getrennt nach hinten hervorragen, wie Fig. 3

bei x, Fig. 10 zwischen v und l; oder selbst einer weit über den anderen vorspringt, wie Fig. 5 unter k, Fig. 10 unter v'.

Gerade in den letzten Fällen zeigt sich die Selbstständigkeit der beiden äusseren, mit der vorderen Schuppe zu einem scheinbar gleichförmigen Ganzen eng verwachsenen Seitentheile in der unzweideutigsten Weise. Mit scharfen Rändern berühren oder decken sie die Ränder der hinteren Knospenschuppe: die ursprünglich nach vorn gerichteten Ränder sind, wie bei den früher betrachteten Knospen, nach aussen umgeschlagen, hier und da selbst etwas nach hinten eingerollt und tragen auf der dadurch hohl gewordenen Rückseite oft schon ganz ausgeprägte Anlagen zu den Flügeln von Samen (Fig. 5, 7, 10 und 13 a, a). Schuppen wie Fig. 12, aussen von gewöhnlichen Fruchtschuppen nur noch wenig verschieden, lassen im Zusammenhang mit den übrigen Schuppen desselben Zapfens betrachtet über ihre Entstehung aus den zwei, mit den Hinterrändern zusammenstossenden, endlich verschmelzenden äusseren Schuppen einer umgebildeten Zweigknospe keinen Zweifel.

Zu demselben Schlusse führen uns zwei kleine Knospen von einem frischen Zapfen aus dem Riesengebirge (Taf. III. Fig. 21—24). Dicht über den obersten regelmässigen Fruchtschuppen stehen im Winkel gewöhnlicher häutiger Deckschuppen (d) dreispaltige, braunrothe, verholzte Fruchtschuppen, ähnlich der obersten Schuppe des vorigen Zapfens (Fig. 15). Hier sind aber beide Seitentheile (r, l) aufgerichtet flach, nur die äussere Hälfte ein wenig nach hinten gedreht, am Grunde mit schwacher aber sicherer Andeutung einer Samenbildung. Der Mitteltheil hat Stellung und Bildung der vorderen Knospenschuppe; er ist nach innen gewölbt, anfangs flach (Fig. 21 und 22 v), dann fast zu einer weiten Röhre zusammenschliessend (Fig. 23 und 24 v), vorn mit den beiden Seitentheilen vom Grunde bis über die Hälfte verwachsen, hinten aber von ihnen um so mehr getrennt, je knospenähnlicher das ganze Gebilde noch ist. Hier ist noch die von den Hinter- (jetzt Innen-) Rändern der Seitentheile gedeckte hintere Knospenschuppe (Fig. 22 h) wie gewöhnlich nur wenig verändert und zwischen ihr und der äusseren (v) ein paar röhrenförmige, hoch hinauf mit der äusseren Schuppe verwachsene Umbildungen innerer Knospenschuppen. Gerade dieses Gebilde, bei welchem der Bau der Knospe noch kenntlich hervortritt, und doch die äusseren Knospenschuppen schon Samenanlagen tragen, scheint mir besonders geeignet, über die eigentliche Natur derselben Aufschluss zu geben.

Ist die Auffassung der Fruchtschuppe bei der Fichte, wie wir sie aus der Vergleichung der bisher betrachteten Mittelbildungen zwischen fast unveränderten Zweigknospen und samentragenden Fruchtschuppen gewonnen haben, richtig, so müssen sich auch die anderen bei der Fichte vorkommenden Umbildungen der Fruchtschuppe danach deuten lassen. Kein durchwachsener Zapfen gleicht freilich dem anderen. Einzelne bieten die wunderlichsten Verwachsungen, Krümmungen, Faltungen und namentlich Röhrenbildungen der inneren Knospentheile, so dass eine Deutung aller Einzelnheiten unmöglich sein würde. Sie würde für unser Aufgabe aber auch zwecklos sein. Es muss gerade bei dieser ausserordentlichen Mannigfaltigkeit der Gestaltungen schon als eine gewichtige Bestätigung der bisher gewonnenen Auffassung angesehen werden, wenn sich dieselbe überall zwanglos anwenden lässt, oder doch mit keinem Vorkommen in unvereinbarem Widerspruch steht. Wenn wir bei jener Vielgestaltigkeit die Grundzüge übereinstimmend finden, namentlich die Umgestaltung der beiden äusseren Knospenschuppen zur Fruchtschuppe durch Verwachsung ihrer Hinterränder, kann es uns nicht einmal überraschen, wenn selbst diese bei den am weitesten von. den bisher betrachteten abliegenden Formen nicht mehr so einfach und klar hervortritt, wie bei jenen.

Unter den, an die früher betrachteten Bildungen sich noch näher anschliessenden ist die einfachste eine Knospe, welche ganz allein an einem, oben mit Nadeln, darunter mit nadelartigen Deckschuppen besetzten Zweige aus dem Wipfel der anfangs erwähnten alten Fichte von der Seifenlehne im Winkel einer Deckschuppe (Taf. III. Fig. 25 d) stand, welche in der Mitte etwas verdickt, sonst wie gewöhnlich ausgebildet war. Alle Knospenschuppen sind braunroth, dick, von fast holziger Derbheit, ganz wie Fruchtschuppen, und nicht mehr, wie in der Zweigknospe, geschlossen, obwohl noch nahe an einander gestellt. Die vordere Knospenschuppe (v) ist noch ganz frei, wie bei den anfangs geschilderten Knospen (Taf. I. Fig. 31—37), aber flach nach hinten gewölbt, immer noch ähnlich den regelmässigen Knospenschuppen; von den beiden seitlichen, vorn weit auseinander tretenden Schuppen umfasst hier nur noch die eine (l) mit schmalem Saume die vordere Schuppe, während die andere (r) mit dem Vorderrande bereits stark nach aussen zurückgebogen ist;

hinten treten beide mit den Rändern nahe zusammen (ähnlich wie bei den Knospen Taf. IV. Fig. 38, 40) und schliessen mehrere, auch schon verholzte und unregelmässig gestaltete innere Knospentheile ein.

Dieser reihen sich ein paar Knospen von einem anderen Zweige desselben Baumes an, welcher zwar nicht, wie jener Zweig, nur eine einzige, aber doch nur eine kleine Zahl von fruchtschuppenähnlichen Knospen trägt (Taf. II. Fig. 11), welche auf diese Art den ganzen Zapfen darstellen. Bei ihnen ist die vordere Knospenschuppe (Taf. IV. Fig. 39 und 40 v) zwar noch selbstständig entwickelt und auch an der Aussenfläche durch eine Furche gegen die Seitentheile bis an den Grund abgegrenzt, aber sie ist mit ihnen schon etwa bis zur halben Höhe verwachsen, oben tief ausgebuchtet und sowohl längs der Mitte, wie mit den Rändern stark nach hinten gefaltet. Auch die seitlichen Knospenschuppen (r, l) sind fast ganz nach aussen gewendet, vorn ganz auseinander tretend, hinten unten aber mit den Hinterrändern zusammenstossend und die inneren Knospentheile umfassend. Ihre nach hinten gewendete Rückenfläche (Fig. 40 r, l) zeigt schon die flache Vertiefung, welche bei den Fruchtschuppen zur Aufnahme der Samenflügel dient.

Weiter in der Umbildung vorgeschritten sind ein paar andere Knospen. Bei der ersten trägt eine winzige häutige Deckschuppe (Taf. IV. Fig. 16 d) in ihrem Winkel eine flache Fruchtschuppe von viereckigem Umriss, nur in der Mitte überragt von einer aus dem eingebogenen oberen Rande gebildeten Spitze (v). Zwei ganz flache Einbiegungen rechts und links von der Mitte, von denen nur die linke etwas auffallend in einer kleinen·Grube endet, deuten von ferne auf eine Dreitheilung hin. Von innen aber gewahrt man, dass sich von der Fläche der scheinbar einfachen Schuppe zwei dünne, aber ziemlich breite Leisten nach hinten wenden und hier mit ihren Rändern die, wie gewöhnlich nur wenig veränderte hintere Knospenschuppe (h) etwas decken. Wir erkennen daraus, am deutlichsten im Grundrisse (Fig. 18), dass eine vordere Knospenschuppe (v) in der Mitte der Länge nach röhrenförmig nach innen gefaltet, an beiden Seiten an die Innenfläche der seitlichen Knospenschuppen (r, l) angewachsen ist, deren ursprünglicher Vorderrand sich nach aussen und selbst nach hinten gebogen hat und die auf ihrem, jetzt hohlen Rücken die Vertiefungen für die Bildung von Samenknospen angelegt haben.

Noch sonderbarer erscheinen ein paar andere sehr kleine Fruchtschuppen (Taf. IV. Fig. 19, 22). Beide bieten aussen nur eine glatte Fläche; der obere Rand ist aber in der Mitte eingedrückt und an beiden, rechts und links vorspringenden Ecken sieht man zwei, bis auf eine flache Furche mit einander verwachsene Platten sich nach hinten wenden (Fig. 19 und 20 l; 22 r; 23 r, l). Hier setzen sich die freien Ränder der beiden seitlichen Stücke unter mannigfachen Biegungen nach hinten fort und umschliessen am Grunde einen ebenfalls braunrothen und verholzten plattgedrückten Zapfen (Fig. 20 und 21 k), den umgestalteten Rest innerer Knospentheile, oder der eine Hinterrand verwächst mit einer ähnlichen Platte (Fig. 23 und 24 h), welche vielleicht als die hintere Knospenschuppe angesehen werden kann.

Den Uebergang zu den, von den bisher betrachteten weiter abweichenden Fruchtschuppen macht eine Reihe von Mittelbildungen an einem grossen durchwachsenen Zapfen, welchen ich in einem der reichsten Zapfenjahre, dessen die Anwohner des Riesengebirges sich erinnern, im Sommer 1872, über Krummhübel fand.[1]) Die am meisten zurückgebliebene Schuppe (Taf. IV. Fig. 1—3) zeigt von aussen gesehen in der oberen Hälfte noch einen mittleren, flach gewölbten, von den beiden Seitentheilen (l, r) durch eine Furche abgegrenzten Abschnitt (v), der die vordere Knospenschuppe darstellt. Von innen betrachtet (Fig. 2) wie im Grundriss (Fig. 3) sieht man deutlich, dass die beiden Seitentheile mit ihren Hinterrändern weit über die, ihrer Fläche angewachsene vordere Schuppe nach hinten vorspringen und hier eine noch wenig umgebildete Knospe einschliessen, deren hintere Schuppe (h) wie die inneren seitlichen (l′, r′) noch häutig und nur mässig verlängert die innersten Knospentheile eng anliegend umschliessen. Die ursprünglich von hinten nach vorn gerichteten Seitentheile sind nach aussen und mit den Rändern sogar weit nach hinten umgeschlagen und bilden am Grunde ihrer Rückseite die flachen Vertiefungen, welche bei den weiter fortgebildeten Schuppen die Samenanlagen tragen.

---

[1]) Im folgenden Jahre (1873) habe ich in derselben Gegend auch nicht einen einzigen frischen Fichtenzapfen gesehen, während zahlreiche vertrocknete vom Vorjahre her noch an den Bäumen hingen. Man erhält in der That den Eindruck, als habe sich die Natur in einem fruchtreichen Sommer für einige Zeit erschöpft.

Die folgenden Schuppen zeigen bald einzelne innere Knospentheile, bald Theile der Fruchtschuppe stärker entwickelt. Eine derselben (Fig. 4—6) ist von aussen schon völlig fruchtschuppenartig: die schwach gewölbte, weder tief gefurchte noch am Rande erheblich eingeschnittene glatte Fläche lässt nichts von einer Verwachsung ursprünglich getrennter Stücke erkennen. Trotzdem sind zwei Schuppen der gewöhnlich weit hinter dem verholzenden Theile der Fruchtschuppe zurückbleibenden Knospe (r' l') so stark ausgewachsen, dass sie jene noch überragen. Ob sie als die innere rechte und linke oder eine von ihnen als hintere Knospenschuppe zu betrachten sein mag, bleibt bei der schiefen Stellung und der Einrollung ihrer Fläche zweifelhaft; das aber ist auf das Bestimmteste zu erkennen, dass von der Innenfläche der grossen vorderen Schuppe sich zwei schmale Leisten herabziehen und unten mit ihren Rändern (p, p') den Grund der beiden inneren Knospenschuppen (r', l') umfassen. Die hohle Fläche zwischen diesen Leisten und dem Aussenrande der Fruchtschuppe ist, was besonders an dem in der Höhe von p-p' Fig. 5 genommenen Querschnitt (Fig. 6) deutlich hervortritt, mit der eigenthümlichen blassen, rauhen Schicht überzogen, an welcher man sogleich die Anlage zum Flügel eines Samens erkennt. Sowohl dieser Umstand, als auch ein Vergleich mit der vorigen Knospe (Fig. 2) lässt in den nur noch schwach vorspringenden Leisten die Hinterränder der beiden seitlichen Knospenschuppen erkennen, welche aussen mit ihren gegen einander gewölbten Flächen, vielleicht auch mit einem unkenntlichen Ueberrest der vorderen Knospenschuppe, zur Fruchtschuppe verwachsen sind.

Von hier ist nur noch ein Schritt zu einer scheinbar ganz nach innen von der Fruchtschuppe stehenden Knospe (Fig. 13). Das einzige, noch entwickelte Blatt einer solchen (Fig. 14 h), wohl die hintere Knospenschuppe, ist in der That nur noch am Grunde, namentlich auf der rechten Seite, von zwei an der Innenfläche der Fruchtschuppe sich herabziehenden Leisten begrenzt; keine derselben springt aber noch so weit vor, um es auch nur theilweise zu decken. Hier sind wir daher bei einer der seltenen Bildungen angelangt, welche am wenigsten für eine Verschmelzung der beiden zur Fruchtschuppe gewordenen Knospenschuppen mit ihren hinteren Rändern sprechen. Immerhin aber ist sie mit dieser Annahme nicht unvereinbar. Ist, wie namentlich der Grundriss (Fig. 15) andeutet, und wie es eine Vergleichung mit den benachbarten

Knospen (Fig. 8, 9, 12 v) fast zur Gewissheit erhebt, die vordere Knospenschuppe (v) an der Zusammensetzung der Fruchtschuppe betheiligt, so haben
sich nur die Hinterränder der Seitentheile ein wenig mehr, als bei jenen,
zurückgezogen und auf schwach hervortretende Leisten eingeschränkt.

Gerade in Beziehung auf das allmähliche Schwinden der Hinterränder
der beiden Seitentheile ist ein Vergleich mit den sonst sehr abweichenden benachbarten Fruchtschuppen lehrreich, bei denen gerade die hintere Knospenschuppe ganz zurücktritt und mit den vorderen verschmilzt.

An der ersten derselben (Fig. 7—9) scheint freilich, wenn wir sie von
aussen betrachten, die vordere Schuppe (Fig. 7 v) nur links in ihrer oberen
Hälfte durch eine Furche abgegrenzt, übrigens aber mit den Seitentheilen (l, r)
so verschmolzen, dass diese nur noch durch die beiden stark vortretenden
Spitzen angedeutet sind; nach innen aber springt der Rand der letzteren,
namentlich des rechten (r) noch so weit vor, dass er die, der ganzen Länge
nach an den linken Seitentheil angewachsene hintere Schuppe (h) deutlich umfasst. Dabei lassen die noch unvollkommenen aber unverkennbaren Anlagen
zu Samenflügeln (a, a') über die Fruchtschuppennatur der beiden Seitentheile
keinen Zweifel.

An der folgenden Schuppe (Fig. 10—12) sind die beiden Seitenstücke
oben durch einen tiefen Einschnitt getrennt und die hintere Schuppe (Fig. 11 h)
fast bis zur Unkenntlichkeit geschwunden und mit den übrigen verwachsen;
nur an der einen Seite wird sie von dem schwach vorspringenden Rande der
rechten Fruchtschuppenhälfte (Fig. 11 und 12 r) ein wenig umfasst. Dagegen
ist hier gerade die vordere Knospenschuppe (Fig. 10 und 12 v) noch ganz
wie bei der zuerst betrachteten Knospe dieses Zapfens (Fig. 1) nach hinten
eingerollt und in ihrer oberen Hälfte frei. Es kann daher hier über die
Deutung der Seitentheile, als der nach aussen gewendeten rechten und linken
Knospenschuppen, kein Zweifel sein, während andererseits ihre Natur als
Hälften einer Fruchtschuppe durch die unverkennbare Anlage zur Samenbildung
ebenso sicher hervortritt.

Mit dem Endglicde dieser Reihe im Wesentlichen übereinstimmend ist
eine einzelne Schuppe vom oberen Ende eines durchwachsenen Zapfens (Taf. III.
Fig. 27, 28). Sie ist niedrig, von halbkreisförmigem Umriss, ganz flach und
hat am Grunde des rechten Flügels innen eine kleine Samenanlage (Fig. 28 a)

Etwas weiter nach der Mitte zu steht eine lineallanzettliche, verholzte Schuppe (h), wohl die hintere Knospenschuppe, also ganz auf der Innenseite der Fruchtschuppe, wie bei dem Endgliede der vorigen Reihe (Taf. IV. Fig. 14 h); aber auch hier tritt eine etwas vorspringende Leiste, welche mit dem freien Rande der rechten Seitenschuppe anderer Knospen (z. B. Taf. III. Fig. 13; IV. Fig. 2 und 8 r) ganz übereinstimmt, etwas nach innen vor und deckt wenigstens die eine Seite der hinteren Knospenschuppe, wenn sie dieselbe auch nicht mehr umfasst. Auch der Bau dieser Schuppe ist daher, so wenig er ein Gewicht zu Gunsten der bisher gewonnenen Deutung der Fruchtschuppe in die Wagschale wirft, mit derselben nicht unvereinbar.

Unterstützt wird dieselbe noch durch eine Reihe, den vorigen ähnlicher aber doch eigenartiger Zwischenbildungen von dem durchwachsenen Zapfen einer der zwerghaften Fichten am Forstkamme bei Schmiedeberg zwischen dem Mittelberge und dem Tafelstein. Dieser Zapfen (Taf. IV. Fig. 25) war an seinem Grunde auffallend verlängert, wie ich das nur noch einmal an den unteren Aesten einer schon zwischen den Knieholzsträuchern im Melzergrunde stehenden, doch noch stattlichen Fichte gefunden habe. Die Deckschuppen, zum Theil noch nadelartig (Fig. 25 d), zum Theil aber klein und häutig (Fig. 26—29 d), tragen in ihren Achseln braunrothe, derbe und starre Fruchtschuppen (Fig. 25 f). Von diesen zeigen die untersten eine tiefe Ausbuchtung des Vorderrandes und eine vom Grunde der Bucht herablaufende Falte, hinter welcher die Spitze eines nach innen stehenden Knospentheils (Fig. 26 k) hervorragt. Es ist dies ein zwar derbes, aber grünes, nur roth gestricheltes Röhrchen mit zwei freien, rechts und links gestellten blattartigen Spitzen, welches daher wohl als die Verschmelzung des inneren Paares der seitlichen Knospenschuppen zu betrachten ist. Von innen betrachtet (Fig. 28), wie im Grundriss (Fig. 27) sieht man aber, dass dieses Röhrchen nicht ganz nach innen steht, sondern von den, nach hinten aus der Schuppenfläche weit vortretenden Innenrande des kleineren linken Seitentheils (l) überragt und zur Hälfte gedeckt wird. Reicht nun auch die flache innere Falte des anderen Seitentheils (r) nur bis an das grüne Röhrchen seitlich heran, so endet es doch nicht vor, sondern neben demselben und der, den rechten und linken Flügel der Fruchtschuppe verbindende, gerade nach aussen von dem Röhrchen liegende Streifen derselben kann als ein Rest der vorderen Knospenschuppe betrachtet werden. Dies tritt

40*

noch bestimmter an der nächsthöheren Fruchtschuppe (Fig. 29—31) hervor, welche zwar aussen ganz flach, auch oben weniger tief ausgeschnitten ist, aber sowohl rechts, wie links von dem Knospenreste (Fig. 30 und 31 k) eine vorspringende Falte zeigt, welche denselben nach innnen ganz umfasst. Die eine dieser Einfaltungen geht oben in zwei blattartige Spitzen aus, welche ähnlich wie die inneren Schuppen der vorigen Knospe die vordere Platte überragen, und wohl dieselbe Bedeutung haben. Von einer hinteren Knospenschuppe ist eine sichere Spur bei keiner der beiden Knospen vorhanden.

Ganz verschieden ist das Endglied einer Reihe von Umbildungen, deren mittlere mit den eben beschriebenen im Wesentlichen übereinstimmen. An einem der ersten, im Jahre 1865 an der Seifenlehne im Riesengebirge gefundenen, ganz kurz durchwachsenen Zapfen stand über den regelmässig ausgebildeten Fruchtschuppen eine kleine Anzahl von Uebergangsformen. Die eine derselben (Taf. IV. Fig. 32—34) zeigt aussen, ganz ähnlich der ersten vorher beschriebenen (Taf. IV. Fig. 1), ähnlich auch der vierten (Fig. 10), eine ganz nach hinten eingerollte vordere Knospenschuppe (v), welche aussen in ihrer unteren Hälfte mit den beiden Seitenstücken (l, r) verwachsen ist. Innen dagegen (Fig. 34) laufen die fast an einander stossenden Ränder dieser Stücke frei bis unten herab, neben ihrem unteren Ende die kleinen Samenanlagen (a). Unterhalb dieser Schuppe, weiter nach dem Zapfen hin, folgen schon ganz fruchtschuppenartige Gebilde (Fig. 35, 36) mit grösseren Samenanlagen (a, a'), zwischen ihnen nur noch ein schmaler, in eine freie Spitze auslaufender Streifen (v), wohl der schwindende Rest der, der ganzen Länge nach mit den Seitentheilen zusammengewachsenen vorderen Knospenschuppe.

. Wieder anders die winzige, weiter nach dem durchgewachsenen Spross hin stehende Knospe (Fig. 37, 38). Ueber dem Blattgrunde (g) der nadelartigen, daher mit glatter Gelenkfläche abgefallenen Deckschuppe erblickt man eine Anzahl innerer Knospentheile, deren grösster (k) nach seiner Stellung und seinen nach vorn eingeschlagenen gewimperten Rändern nur als hintere Knospenschuppe aufgefasst werden kann. Hier ist also die, in der vorhergehenden Reihe bis zuletzt (Fig. 13, 14) ausgebildete, die Seitentheile verbindende, vordere Knospenschuppe ganz geschwunden und die inneren Knospentheile stehen daher auch nicht einmal scheinbar hinter, sondern offen vor den beiden seitlichen (r, l), mit den Vorderrändern nach aussen gewendeten, mit den Hinterrändern eng an einander liegenden und schon verschmelzenden Schuppen. Und diese zeigen bei einem Vergleich mit anderen, durch deutliche Samenanlagen als Fruchtschuppenhälften bezeichneten Uebergangsformen (wie Taf. III. Fig. 13, IV. Fig. 11) eine so grosse Uebereinstimmung, dass man sie für ihnen gleichwerthig halten muss, selbst wenn die kleine Anschwellung am Grunde der einen von ihnen (Fig. 38 a) keine Samenanlage ist.

Ein ähnliches Bild gewährt eine ebenfalls winzige Knospe aus der Spitze desselben Zapfens (Taf. III. Fig. 26), vor welcher der Blattgrund, da er die Achselknospe zum guten Theil verdeckte, weggenommen ist. Die zwei seitlichen Knospenschuppen (r, l) sind vorn weit aus einander gebogen, während sie hinten fast zusammentreffen. Vor ihnen steht ein mit der Spitze nach vorn eingeschlagenes Blättchen (k), an seinen unteren Rändern mit zwei ebenfalls nach vorn eingeschlagenen Lappen, wohl die hintere Knospenschuppe. Eine vordere Knospenschuppe fehlt auch hier, wesshalb das Innere der Knospe nach vorn frei dasteht.

Die zuletzt beschriebenen Knospen gaben mir schon im Jahre 1865 die Ueberzeugung, dass die nach Beobachtungen an durchwachsenen Lerchenzapfen von Alexander Braun aufgestellte, später von Caspary weiter ausgeführte Ansicht, dass die Fruchtschuppe der Abietineen aus zwei verwachsenen Schuppenblättern einer sonst verkümmernden Knospe im Winkel der Deckschuppe entstanden sei, auch für die Fichte gelte und alle später von mir gemachten Beobachtungen haben diese Ansicht bestätigt.

Ebenso wenig zweifelhaft aber konnte es sein, dass hier die beiden äusseren, rechts und links stehenden Knospenschuppen mit ihren hinteren, der Zapfenspindel zugewendeten Rändern sich aneinander legten, während die ursprünglich nach vorn gewendeten Ränder mehr und mehr aus einander treten und sich nach aussen kehren. Die Samenanlagen mussten daher auf dem Rücken derselben entspringen. Da mir kein einziges Beispiel eines Fruchtblattes bekannt war, welches die Samen auf seiner Rückseite trägt, so begnügte ich mich damit, die von mir gemachten Beobachtungen und die sich daraus ergebenden Schlussfolgerungen der botanischen Section der schlesischen Gesellschaft vorzulegen und eine kurze Mittheilung darüber in dem Jahresberichte der Gesellschaft zu veröffentlichen.[1]) Es schien mir um so mehr geboten, mich darauf zu beschränken, als meine Beobachtungen in einem kaum zu lösenden Widerspruche standen mit den genauen Angaben Caspary's.[2]) Derselbe fand nämlich an einigen durchwachsenen Lerchenzapfen die Fruchtschuppen zum Theil ausgerandet, die obersten, welche auf ihrer inneren und — nach seiner Auffassung zugleich oberen — Seite noch verkümmerte Samenknospen trugen, so tief, dass sie fast zweitheilig waren. Auf diese folgten Zwischenformen, deren Schuppe ganz in zwei schon weiter auseinander gerückte (*latius sepa-ratas*) Hälften getheilt war ohne jede Spur von Samenknospen, so dass sie kaum noch als Fruchtblatt bezeichnet werden konnte. Hier aber zeigte sich, ein Umstand von entscheidender Bedeutung, zwischen den beiden Theilen der Schuppe und der Hauptachse eine Blattknospe. Daraus schliesst Caspary nicht nur, dass die Fruchtschuppe des Lerchenbaumes aus den zwei ersten seitlichen Schuppenblättern einer nicht zur Entwickelung gekommenen Blattknospe ent-standen sei, sondern auch, dass diese mit ihren äusseren Rändern „verbunden aufgewachsen sind". Ja, er spricht diese Ansicht so zuversichtlich aus, dass er glaubt, es sei dieselbe durch jene Missbildungen unwiderleglich dargethan und alle anderen über die Morphologie des Nadelholzzapfens vorgebrachten Meinungen als Irrthümer erwiesen.

Mag man auch diese Zuversicht nicht in ihrem ganzen Umfange theilen, so lässt sich doch nicht in Abrede stellen, dass diese Beobachtungen sich mit der von mir begründeten Auffassung der Fruchtschuppe der Nadelhölzer nur schwer in Einklang bringen lassen. Dass sich diese auf Umbildungen bei der Fichte stützt, die von Caspary auf solche bei der Lerche, kann diesen Wider-spruch nicht heben, denn beide Arten stimmen im Bau ihres Zapfens so sehr überein, dass in der Bedeutung seiner Haupttheile ein wesentlicher Gegensatz nicht denkbar ist, und wir Caspary durchaus beistimmen, wenn er den Bau der Fruchtschuppe von *Pinus Larix* unbedenklich allen Abietineen zuschreibt.

Auf eine Möglichkeit nur möchte ich hinweisen, dass die Knospe nur scheinbar zwischen den Schuppentheilen und der Zapfenspindel gestanden hat.

---

[1]) Jahresbericht der schles. Ges. für vaterländische Kultur über das Jahr 1865. Breslau 1866. S. 103.

[2]) De Abietinearum floris feminei structura morphol. Dissert. Regiomonti Pr. 1861.

Wir haben oben gesehen, wie täuschend selbst bei ziemlich tief gespaltenen Schuppen diese Stellung sein kann; ich erinnere nur an die Fruchtschuppen Taf. III. Fig. 4—5, Fig. 9—11, Fig. 12—14; Taf. IV. Fig. 1—3; Fig. 4—6, bei denen die beiden Hälften der Schuppe sich so weit zurückgewendet haben, dass ihr Hinterrand nur noch mit einem schmalen Streifen die inneren Knospentheile nach hinten umfasst.

Einzelne Fälle aber lassen sich, wie es scheint, auf diese Art nicht erklären. Herr Professor Alexander Braun hat nach einer gütigen Mittheilung bei den von ihm schon vor mehr als 30 Jahren zu Karlsruhe beobachteten Lerchenzapfen in der Mehrzahl der Fälle die Eichen auf der Rückseite der Knospendeckschuppen gefunden, übereinstimmend mit dem von mir bei der Fichte beobachteten Verhalten, einmal aber auf der Innenseite derselben — nach Zeichnung und Beschreibung ist eine andere Deutung nicht wohl möglich —, wie bei den von Caspary beschriebenen Zapfen, welche Alexander Braun auch gesehen hat. Aber auch Caspary hat nur bei einer geringen Zahl von Zapfen die Stellung der Knospe nach innen von den beiden Theilen der Fruchtschuppe beobachtet, denn er selbst giebt an, dass unter den zahlreichen durchwachsenen Lerchenzapfen überhaupt nur wenige Mittelbildungen zwischen Fruchtschuppen und Knospen zeigten. Selbst bei der Lerche ist danach, wie es scheint, die Verschmelzung der Knospendeckschuppen mit ihren vorderen Rändern ein mehr vereinzeltes Vorkommen, und wir haben in ihr vielleicht nicht mehr eine Bildungsabweichung vor uns, welche sich noch innerhalb der Grenzen der vor- und rückschreitenden Metamorphose bewegt, sondern eine eigentliche, ausserhalb der Regel stehende Missbildung, welche sich einigermassen mit dem ausnahmsweisen Erscheinen von Fruchthäufchen auf der Blattoberseite bei manchen Farnen (*Scolopendium vulgare*, *Polypodium anomalum*, *Dreparia Moorei*) vergleichen liesse.[1] Eine Bestätigung dieser Vermuthung müssen wir von weiteren zahlreichen Beobachtungen erwarten, welche bei dem in manchen Gegenden häufigen Vorkommen durchwachsener Lerchenzapfen vielleicht bald werden gemacht werden können.

Bleibt hier noch ein Zweifel zu lösen, so sind dagegen mehrere That-

[1] Nach Al. Braun, die Frage nach der Gymnospermie der *Cycadeen* im Monatsber. d. Berl. Akad. 1875. S. 352.

sachen bekannt geworden, welche von ganz verschiedenen Seiten her die von mir gemachte Annahme unterstützten.

Zunächst machte Hugo Mohl[1]) darauf aufmerksam, dass einzelne der von Oersted schon 1864 veröffentlichten Abbildungen missgebildeter Zapfen von *Picea excelsa*[2]) keinen Zweifel darüber lassen, dass er eine Verwachsung der beiden die Fruchtschuppe zusammensetzenden Blätter mit den gegen die primäre Achse des Zapfens hingewendeten Rändern vor sich hatte, indem die verkümmerte Endknospe der sekundären Achse, deren zwei unterste Blätter zur Fruchtschuppe theilweise verwachsen waren, zwischen dieser und der Brakte stand. In der That werfen diese Zapfen darum ein selbstständiges Gewicht in die Wagschale, weil sie nicht von der gewöhnlichen Form der Fichte, sondern von einer strauchartigen Varietät derselben herstammen, noch mehr aber, weil sie selbst von allen von mir beobachteten ganz abweichend gebaut sind. Es sind nämlich nicht durchwachsene Zapfen, sondern Zweige, deren Nadeln gegen die Spitze hin ganz allmählich in Deckblätter übergehen; einzelne der unteren Nadeln tragen gewöhnliche Zweigknospen in ihren Winkeln, während andere, höher stehende, Knospen stützen, deren äussere Schuppen sich mehr und mehr in die beiden Hälften einer Fruchtschuppe umbilden, so dass das Ende des Zweiges einen aus lockeren, aufrecht-abstehenden, oft am Ende nach aussen gebogenen Schuppen gebildeten Zapfen darstellt. Bei der verhältnissmässig grossen Zahl von Mittelbildungen zwischen Zweigknospen und Fruchtschuppen an jedem einzelnen Zweige lässt sich die Umbildung in überzeugender Weise verfolgen: nicht nur die Stellung der Knospe nach aussen von den Theilen der Fruchtschuppe — am ausgezeichnetsten in Fig. 3, 4, 23 —; ihr scheinbares Hereintreten nach innen in Fig. 4, sondern auch die Krümmung der ursprünglichen Vorderränder der Knospenschuppen nach aussen und selbst nach hinten in Fig. 4, 6, 13, 23. Auch der Uebergang der letzteren in Fruchtschuppen, welche auf ihrem Rücken die Eichen tragen, ist unverkennbar. Oersted selbst hatte einen solchen Schluss aus seinen Beobachtungen nicht

---

[1]) Botan. Zeitung. 1871. S. 22.

[2]) Oersted, Bidrag til Naaletr. Morphol.; af Naturhist. Foren. Vidensk. Meddelelser 1864. p. 8—11, Taf. I—II, Fig. 1—30.

gezogen; auf die Feststellung gerade dieses Verhältnisses waren die Untersuchungen Van Tieghem's vorzugsweise gerichtet.

Zunächst hebt derselbe gegenüber der gerade in neuester Zeit wieder angefochtenen Blattnatur der Fruchtschuppe mit Recht hervor, dass ihre Gefässbündel alle in Einer Ebene neben einander liegen, indem zugleich Holz- und Bastkörper in allen nach der gleichen Seite gerichtet sind. Giebt auch der Gefässbündelverlauf allein hier kein entscheidendes Merkmal ab, so gilt das von jedem anderen einzelnen Gesichtspunkte, die Entwickelungsgeschichte mit eingeschlossen, ebenfalls und es stimmen doch die Achsenorgane so sehr darin überein, dass ihre Gefässbündel um eine Mitte geordnet und ihre Holzkörper nach dieser hin gerichtet sind, dass der Verlauf derselben in der Fruchtschuppe der Abietineen sich schwer mit der Annahme ihrer Achsennatur vereinigen lässt.

Aber nicht nur für die Blattnatur der Fruchtschuppe überhaupt spricht der Gefässbündelverlauf derselben, sondern auch für die Zusammensetzung derselben aus zwei Blättern, obwohl Van Tieghem selbst diese Folgerung nicht gelten lassen will, sondern die Frage für eine offene erklärt. Während nämlich bei den Abietineen sonst jedes Blatt Ein Gefässbündel von der Achse erhält, treten in die Fruchtschuppe zwei Gefässbündel ein, eines rechts, eines links von der Mitte.

Von ungleich grösserer Bedeutung aber war die überraschende Beobachtung Van Tieghem's, dass in den Gefässbündeln der Fruchtschuppe ebenso wie in ihren oft zahlreichen in eine schwach gewölbte Fläche geordneten Verzweigungen der Bastkörper stets auf der inneren, der Zapfenspindel zugekehrten Seite liegt, welche zugleich die Samenanlagen trägt. Diese Seite kann also nur die Unter- oder Rückseite sein, die auf ihr sitzenden Eichen können unmöglich als Achselsprosse dieser Blätter aufgefasst werden; sie können kaum etwas Anderes, als nackte Eichen auf der Rückseite eines flach ausgebreiteten, nicht zum Fruchtknoten eingerollten Fruchtblattes sein.

Auch Hugo Mohl scheint es nach den von ihm bestätigten Beobachtungen Van Tieghem's durchaus unabweisbar, die Fruchtschuppe der Abietineen aus der Verwachsung von zwei mit ihrer Unterseite gegen die primäre Achse des Zapfens gewendeten Blättern abzuleiten; durch eine von ihm inzwischen beobachtete, bis in's Einzelne ähnliche Erscheinung in der vegetativen Sphäre verlor dieses Vorkommen sogar das Fremdartige. Er fand nämlich, dass das bis dahin für eine einfache Nadel gehaltene Blatt von *Sciadopitys* aus zwei mit ihren nach der Achse gewendeten Hinterrändern verwachsenen Nadeln entstanden sei. Seine scheinbare Oberseite ist demnach auch hier in der That die Rückseite, nach welcher hin auch hier die Bastkörper der Holzbündel liegen. Wie die Fruchtschuppe der Abietineen endlich sind auch die beiden bei *Sciadopitys* verwachsenen Nadeln die einzigen entwickelten Blätter einer sonst verkümmernden Zweigknospe.

Diesen Ausführungen eines Mannes von so umfassenden morphologischen, und anatomischen Kenntnissen und von einem so besonnenen Urtheil, wie Hugo Mohl gegenüber, ist es schwer zu begreifen, wie Eichler in seinem Aufsatz: „Sind die Coniferen Gymnospermen oder nicht?" über Van Tieghem's Beobachtungen mit den Worten glaubt hinweggehen zu können: „Auf Van Tieghem's seltsame, durch einseitige Anwendung anatomischer Principien gewonnene Auffassung gehen wir hier nicht ein, da dieselbe schon durch Strasburger gebührend abgewiesen worden ist." Namentlich für die Abietineen führt Strasburger auch nicht eine einzige Thatsache zur Entkräftung der seltsamen Auffassung Van Tieghem's an; es konnte ihm das auch überflüssig erscheinen, da er die Fruchtschuppe gar nicht für ein Blattgebilde hält. Wer aber an der Caspary'schen Deutung derselben als Verwachsung zweier Knospenschuppen mit ihren äusseren Rändern festhält, müsste doch wenigstens ein paar Beispiele von Blättern anführen, bei welchen die Basttheile sämmtlicher Gefässbündel regelmässig nach der Oberseite, die Holzkörper nach der Unterseite gelegen sind. So lange das nicht geschieht, wird der anatomische Bau der Fruchtschuppe die, welche überhaupt von deren Blattnatur überzeugt sind, zu der weiteren Annahme zwingen, dass die Eichen auf der Rückseite derselben stehen.

Aber gerade die Blattnatur der Fruchtschuppe ist neuerdings aufs Entschiedenste bestritten worden von Baillon, von Payer und am Eingehendsten von Strasburger auf Grund der Entwickelungsgeschichte. Bei *Pinus Pumilio*, bei welcher er dieselbe am ausführlichsten verfolgt, und im Wesentlichen ebenso bei den übrigen Abietineen, „entsteht die Fruchtschuppe als ein abgerundeter und abgeflachter querer Wall; mitten auf demselben wird bald eine kleine Erhöhung sichtbar, die sich als Vegetationskegel zu erkennen giebt". [1]) Woran sie aber als solcher erkannt wird, davon erfährt man nichts; es ist eben der mittlere, wenn auch ganz flache Höcker und wird daher ohne Weiteres für den Vegetationskegel erklärt und darauf weitere Folgerungen gebaut. Ich kann nicht zugeben, dass „alle Analogie" für diese Annahme spricht; im Gegentheil sind alle weiteren hier in Betracht kommenden Umstände dieser Deutung ungünstig.

Die erste Anlage lässt nichts Unterscheidendes erkennen, wir wenden uns daher zu den etwas weiter vorgeschrittenen Entwickelungsstufen. Diese sprechen zunächst weit weniger für die Achsennatur des mittleren Höckers, als es nach den Figuren Strasburgers den Anschein hat. Strasburger nennt zwar die Fortbildung des Mittelhöckers ganz richtig einen Kiel; die Abbildungen aber, welche gerade von innen oder von aussen genommen sind, lassen ihn als einen bald zapfenförmig, dann fast fadenförmig sich erhebenden selbstständigen Theil erscheinen. Von der Seite betrachtet zeigt aber die Fruchtschuppe des Knieholzes zur Zeit der Bestäubung den Dorn mit der flachen Schuppe bis an deren oberen Rand verschmolzen, so dass nirgends eine scharfe Abgrenzung zu erkennen ist. Bald tritt er nur im oberen Drittel überhaupt kielartig vor (Taf. II. Fig. 1 a, 2 a), nach beiden Seiten durch eine flache muldenförmige Einsenkung in die Schuppe verlaufend; bald springt er etwas stärker vor (Fig. 3—6 a), ist aber auch hier nicht zapfenförmig, sondern ganz plattgedrückt, mit einem nach der Zapfenspindel hin abgerundeten Rücken, nach der Schuppe hin mit einer scharfen Kante, welche in die obere, quer verlaufende Schneide der Schuppe übergeht. Nur an den untersten Schuppen des Zapfens tritt der Dornfortsatz oft etwas von der queren Schneide der Schuppe zurück (Fig. 6 und 7 a); aber auch hier ist er etwas plattgedrückt und seine vordere Kante lässt sich fast ohne Ausnahme nach vorn bis an jene Schneide verfolgen, wenn man die Schuppe schräg von oben betrachtet. So macht dieser Dornfortsatz weit mehr den Eindruck einer vorspringenden Falte, vielleicht der verwachsenen Hinterränder der zur Fruchtschuppe umgebildeten Blätter, noch mehr aber eines nach vorn gefalteten Blattes, vielleicht der hinteren Knospenschuppe. Ein Vergleich mit Fruchtschuppen der Fichte, bei

---

[1]) Strasburger, Coniferen und Gnetac. S. 51 und 166.

denen die hintere Knospenschuppe als ein nach vorn eingeschlagenes schmales, fast fadenförmiges Gebilde an die Hinterränder der beiden Fruchtschuppenhälften angewachsen ist (Taf. IV. Fig. 8 h, 9 h), geben dieser Annahme sogar einige Wahrscheinlichkeit. Dies sind auch nur Vermuthungen; es fehlt eben an jedem Anhalt zu einer sicheren Deutung. Bildungsabweichungen beim Knieholz oder der gemeinen Kiefer, welche für das richtige Verständniss dieser Theile einen Fingerzeig geben könnten, habe ich, wie schon früher erwähnt, bis jetzt vergeblich gesucht — aber diese Vermuthungen haben wenigstens ebenso viel Anspruch auf Geltung, wie die Deutung des Dornes als verlängerte Achse. Gerade diese frühe und auffallende Verlängerung der Achse steht wenig im Einklange damit, dass bei den Umbildungen der Fruchtschuppe in eine Zweigknospe bei der, der Kiefer doch noch nahe genug verwandten Fichte die Achse so unentwickelt bleibt, dass sie nur eben am Grunde zwischen den Knospentheilen aufzufinden ist.

Weniger noch, als diese erste entwickelungsgeschichtliche Thatsache scheinen die folgenden unserer Auffassung entgegenzustehen. „Die beiden Kanten", fährt Strasburger fort, „rechts und links von demselben — nämlich dem angeschwollenen Vegetationskegel — schwellen unbedeutend auf, wohl als erste Spur zweier transversaler Blätter." Da es bei dieser Spur bleibt, welche auch Strasburger schwerlich als Blätter betrachtet haben würde, wenn nicht die von ihm als Blüthen gedeuteten Eichen zugleich als deren Achselprodukte aufgefasst würden, kann diese Annahme für sich kein Gewicht für oder wider in die Wagschale werfen. Dass diese Blätter, wenn ich die Sache recht verstehe, von vorn herein mit ihrem Rande der Achse zugekehrt und mit ihr verwachsen sein würden, macht die ganze Annahme äusserst unwahrscheinlich.

Wenn endlich Strasburger daraus, dass der obere, grösste Theil der Fruchtschuppe sich aus einer, tiefer als die Blattanlage und der Vegetationskegel liegenden Zone entwickelt, den Schluss zieht, dass derselbe nur eine diskoide Bildung sein kann[1]), so verliert dieser seine beweisende Kraft mit den Voraussetzungen, auf welchen er beruht. Der ihm zu Grunde liegende Sachverhalt erklärt sich aber bei der von uns angenommenen Auffassung ungezwungen dadurch, dass jedes der beiden Blätter, welche die Fruchtschuppe

---

[1]) Coniferen und Gnetaceen. S. 166.

bilden, am Grunde der Rückseite, wo sich schon sehr frühzeitig die Eichen zu entwickeln beginnen, etwas anschwillt und sich dann selbstständig in der ihm eigenen Wachsthumsrichtung rasch und kräftig entwickelt.

Der Deutung der Fruchtschuppe als Diskus geradezu ungünstig sind aber die höchst interessanten Bildungsabweichungen an mehreren Zapfen von *Pinus Brunoniana* Wall., welche Parlatore [1]) und noch ausführlicher Strasburger [2]) beschrieben und abgebildet haben. Die einzelnen hier dargestellten Umbildungen wiederholen sich in so ähnlicher Weise bei der Fichte, dass sie nicht nur dieselbe Deutung zulassen, sondern dass ihr Vorkommen bei einer zu einer anderen Gruppe, der Sektion Tsuga bei Endlicher, gehörenden Art dieser Deutung eine grössere Allgemeinheit und dadurch ein sehr viel grösseres Gewicht giebt. Die einzigen erheblichen Unterschiede sind die, dass bei *P. Brunoniana* die hintere Knospenschuppe zuweilen in ähnlicher Weise umgebildet ist, wie die vordere, so dass dann die Knospe ringsum von gleichartig verholzten und mit einander verwachsenen Theilen eingeschlossen ist (Fig. 39 a, b; 42 a, b bei Strasburger), und dass die bei der Fichte stets nur krüppelhaft entwickelte Knospe hier öfter zu einem gestreckten beblätterten Zweige auswächst (z. B. Fig. 4, 5 bei Parlatore). Das sind aber für die Deutung der Theile ganz unwesentliche Verschiedenheiten. Dagegen erinnert die Röhrenbildung Fig. 38 b (Mitte) bei Strasburger an die vorderen Knospenschuppen bei der Fichte Taf. II. Fig. 22 ff., III. Fig. 21 ff., IV. Fig. 32, 34; der stielförmige, von Strasburger als Axenende (Fig. 34) oder als eine an diesem angelegte Knospe (Fig. 35) gedeutete Fortsatz an die hinteren Knospenschuppen Taf. III. Fig. 28 h; IV. Fig. 14 h; vor Allem aber zeigen die beiden seitlichen Blätter, am deutlichsten die Fig. 4, 5 bei Parlatore; Fig. 38 b; 41 a, b; 44 a, b; 45 b bei Strasburger unverkennbar die ursprünglichen Vorderränder nach aussen, ja selbst nach hinten zurückgeschlagen, ganz so wie wir dies bei der Fichte als den Anfang der Umbildung einer Zweigknospe in eine

---

[1]) Note sur une monstruosité des cônes de l'Abies Brunoniana Wall. in Ann. d. sciences nat. IV. T. XVI. p. 215 ff. Pl. XIII. A Fig. 1—5. — Studi organogr. p. 16. Tav. III. Fig. 36—44 (Copie der vorigen).

[2]) Coniferen u. Gnetac. S. 162, 165—169; Taf. VI, Fig. 34—45.

Fruchtschuppe bezeichnet und durch fast stetig fortschreitende Mittelformen wahrscheinlich gemacht haben.

Alle diese mannigfaltigen Gestalten lassen sich nun freilich aus einem ursprünglich flachen Diskus ableiten, weil ein solcher keinerlei bekannten Bildungsgesetzen unterworfen ist. Ein Diskus kann sich einseitig und flach entwickeln, er kann sich in Lappen, endlich bis auf den Grund in gesonderte Theile spalten; diese können sich drehen, röhrenförmig einrollen, mit einander und mit anderen Organen verwachsen, der Diskus kann sich vom Rande her parallel der Fläche spalten, die so entstandenen Platten können wieder verschmelzen — und so können allerdings alle bei der Fichte oder anderen Nadelhölzern beobachteten Bildungsabweichungen der Fruchtschuppe zu Stande kommen. Nur würde man dieselben damit nicht erklärt, d. h. auf die Umgestaltung bekannter Organe nach Gesetzen, welche bei ihnen auch anderweitig beobachtet sind, zurückgeführt haben, wie ich dies für die im Vorhergehenden geltend gemachte Auffassung der Fruchtschuppe versucht habe. Bei Blättern sind Drehungen, Einrollungen (namentlich häufig bei der Umbildung von Blumenblättern in Staubgefässe), Verwachsungen mit Achsenorganen wie unter einander in gewissen Fällen regelmässig stattfindende Erscheinungen und mit ihrer Hülfe lässt sich die Fruchtschuppe wie die mannigfaltigen Mittelformen zwischen ihr und einer regelmässigen Zweigknospe verstehen. Dagegen ist bei einem Blatte Spaltung vom Seitenrande her parallel seiner Fläche in auseinander weichende Platten, wie sie für die Ableitung dieser Zwischenformen aus einem Diskus angenommen werden muss, bisher nicht beobachtet worden, sie ist aber auch nirgends zur Erklärung nöthig.

Aber selbst abgesehen von der, wie mir scheint, viel einfacheren und ungezwungeneren Ableitung der Fruchtschuppe von den Schuppenblättern einer Knospe, stellen sich ihrer Betrachtung als Diskus noch manche nicht unwichtige Erwägungen entgegen.

Mag die Gestaltungsfreiheit eines Diskus eine noch so grosse sein, bei der seitlichen Ausbreitung einer Achse sollte man doch meinen, dass die nach dem Rande derselben aufsteigenden Gefässbündel ihren Basttheil nach aussen, ihren Holzkörper nach innen, der tragenden Achse zugewendet haben müssten. Gerade das Gegentheil ist bei der Fruchtschuppe der Fall.

Wie bei der Fichte, so sind auch bei *P. Brunoniana* bei dem grössten Theile der Mittelbildungen Blätter betheiligt. Strasburger selbst giebt an, dass es dann sehr schwer sei zu sagen, was dem einen, was dem anderen Gebilde zugehört. Ist es aber nicht in hohem Grade unwahrscheinlich, dass ein Diskus und Blätter einander in Gestalt, in der Derbheit und ganzen Beschaffenheit des Gewebes, in der sehr bezeichnenden Farbe, kurz in Allem so vollkommen ähnlich geworden sind, dass man sie nicht mehr unterscheiden kann? Wer die Mittelbildungen dieser Art bei der Fichte betrachtet, wird sich schwer davon überzeugen, dass er hier jedes Mal zwei in ihrem Grundwesen verschiedene Organe vor sich habe.

Endlich, und das scheint mir ein fast beweisender Umstand, giebt Strasburger an, dass bei den durchwachsenen Zapfen von *P. Brunoniana* das erste Blattpaar der sich entwickelnden Knospe meist deutlich median zum Zapfen gestellt sei, wobei — ganz wie wir dies bei der Fichte gefunden haben — das rachissichtige Blatt dieses Paares bis an seine Basis frei, das deckblattsichtige häufig mit der Fruchtschuppe verschmolzen einen dritten Lappen an derselben bildet. Erst in dem Masse, als die diskoide Bildung zurücktritt, entwickeln sich die Blätter des ersten transversalen Blattpaars; nur an völlig metamorphosirten Fruchtschuppen wird dieses letztere frei. Wenn man mit Strasburger die Fruchtschuppe für einen Diskus ansieht, so ist eine andere Auffassung nicht wohl möglich. Nach ihm ist bei der regelmässigen Fruchtschuppe das erste transversale Blattpaar allein in der Anlage vorhanden. Bei dem Auftreten von Rückschlagserscheinungen bleibt aber gerade dieses Blattpaar völlig aus, während der Diskus und mehr und mehr die inneren Knospentheile sich ausbilden; erst wenn bei ganz vorgeschrittener Knospenbildung der Diskus schwindet, tauchen die äusseren transversalen Knospenschuppen kräftig entwickelt und, wie eine Vergleichung mit ähnlichen Formen der Fichte wahrscheinlich macht, mit noch fruchtschuppenartiger Beschaffenheit auf. Es bleibt unbegreiflich, warum gerade die ersten seitlichen, durch die Diskusbildung wenig bedrängten Knospenschuppen zuerst schwinden, während die unmittelbar vor dem Diskus stehende vordere Schuppe hoch aufwächst und sich endlich zwischen die beiden Seitenhälften desselben eindrängt; auf die einfachste Weise hingegen erklärt sich das Verhältniss dadurch, dass die beiden Seitentheile der Fruchtschuppe selbst die ersten transversalen Blätter der Knospe sind.

Aus diesen Betrachtungen geht, wie ich denke, hervor, dass die Annahme, die Fruchtschuppe werde von einem Diskus gebildet, weder entwickelungsgeschichtlich nothwendig, noch morphologisch wahrscheinlich ist. Der Deutung derselben als Blattgebilde stellt sich aber noch die in neuerer Zeit wieder aufgenommene Behauptung entgegen, dass das, was seit Robert Brown von den meisten Botanikern als Eihülle betrachtet worden, eine Fruchtknotenwandung, das als Eichen Bezeichnete ein Fruchtknoten sei.

Könnten wir uns freilich der Auffassung Strasburgers anschliessen, nach welcher Eichen wie Fruchtknoten als Knospen zu betrachten sind, welche daher auch regelmässig auf Blättern stehen können, so würde deren Stellung auf der Fruchtschuppe mehr für deren Blattnatur sprechen, als dagegen, denn es würden dann auch in diesem Punkte die Abietineen mit den ihnen im Blüthenbau nahe verwandten Cycadeen übereinstimmen. Aber mögen wir die Eichen immerhin als Knospen bezeichnen, so sind dieselben nach allen bisherigen Erfahrungen doch ganz eigen geartete Knospen, deren regelmässiges Vorkommen auf Blättern sie namentlich durch eine, bisher durch kein sicher gestelltes Beispiel überbrückte Kluft von den Blüthenknospen scheidet. Dem Fruchtknoten morphologisch ungleich näher stehend als das Eichen ist unstreitig die Blüthe. Wollten wir daher, wie Strasburger für die Cyeadeen annimmt, ein regelmässiges Vorkommen von Fruchtknoten auf Blättern zulassen, so müssten wir das regelmässige Auftreten von Blüthen auf Blättern ebenfalls zugeben, wofür es an jedem thatsächlichen Anhalt fehlt.

Umgekehrt scheint mir die Fruchtknotennatur des Eichens bei den Coniferen noch keineswegs erwiesen. Dass die Eihülle bei den meisten Arten derselben nicht, wie bei den übrigen Phanerogamen, als ein gleichförmiger Ringwall entsteht, also Einem Blatte entspricht, sondern mit zwei bald ringförmig zusammenfliessenden Höckern, mithin den Werth zweier Blätter hat, ist an sich noch kein Grund, sie für einen Fruchtknoten zu halten[1]); der damit im Zusammenhang stehenden Aehnlichkeit der ersten Anlage mit der des Fruchtknotens bei den Chenopodiaceen, den Amarantaceen und Polygoneen steht

---

[1]) Vergl. A. Braun, über e. Missbild. b. *Podocarpus Chin.* in Monatsber. d. Ak. d. Wiss. zu Berlin, 1869. S. 744, und namentlich desselben Betrachtungen in der „Frage nach der Gymnospermie der Cycadeen", ebenda 1875. S. 358 ff.

die abweichende Bildung des Griffels und der Mangel einer Narbe entgegen.
Wo ein Pflanzentheil von einer Hülle allseitig umschlossen werden soll, wird
die erste Anlage immer sehr ähnlich gestaltet sein, ohne dass daraus mit Nothwendigkeit die morphologische Gleichwerthigkeit der einschliessenden oder der
eingeschlossenen Organe folgte.

Können wir diese, auf genauen Beobachtungen und nicht zu weit abliegenden Analogien beruhenden Gründe nicht für entscheidende Beweise gelten
lassen, so noch weniger die Schlüsse, welche Celakowsky[1]) aus Betrachtungen,
welche sich namentlich auf die allgemeine Entwickelungsgeschichte des Pflanzen-
reichs stützen, herleitet. Celakowsky folgert aus seinen Untersuchungen über
die morphologische Bedeutung der Samenknospen: da der Eikern ganz gewiss
dem Sporangium der Gefässkryptogamen entspreche und dieses ursprünglich
auf einem Fruchtblatt entstanden sei, so werde, wie die behüllten Eichen, so
auch der unbehüllte Eikern von einem Fruchtblatte abhängig sein, woraus sich
mit völliger Sicherheit ergebe, dass die einzige Hülle des Eikerns der Coniferen
der Fruchtknoten sei, weil sonst weiter nichts da sei, was als Carpell gedeutet
werden könnte.

Dieser Schluss würde für die Abietineen sowohl bei der von Braun
begründeten, wie bei der im Vorhergehenden angenommenen Auffassung der
Fruchtschuppe hinfällig werden; ja, die sowohl von Strasburger bei *Pinus
Brunoniana*, wie bei der Fichte von mir beobachtete Neigung der beiden
Hälften der Fruchtschuppe, ihre Aussenränder zurückzuschlagen, sich um die
von ihnen getragenen Eichen herumzukrümmen und auf diese Art einen nur
noch halb offenen Fruchtknoten zu bilden, unterstützt die letzte Auffassung
sogar. Auch wenn, was schon anderweitig ausgesprochen, von Celakowsky
aber mit ganz besonderer Zuversicht behauptet wird, der Eikern dem Sporangium der Gefässkryptogamen entspricht, so stimmt die von uns angenommene
Stellung des Eichens der Abietineen auf der Rückseite der Fruchtblätter mit

---

[1]) Flora 1874 (57. Jahrg.) S. 230 ff. — Ich beschränke mich hier auf eine kurze
Beleuchtung der die vorliegende Frage unmittelbar berührenden Punkte, da Werth und Grenzen
der phylogenetischen Methode inzwischen eine ebenso umfassende wie tief eingehende Würdigung
durch Alexander Braun gefunden haben in der Arbeit über die Gymnospermie der Cycadeen
(Monatsber. d. Berl. Akad. 1875).

der Stellung der Sporangien auf der Rückseite der Blätter bei den Farnen und
den von Celakowsky gerade mit den Coniferen in Vergleich gestellten Equi-
seten überein.

Indessen, mag man diese Vergleichungen treffend finden oder nicht —
für die Entscheidung der uns beschäftigenden Frage scheinen mir so allgemeine
Sätze, wie die oben angeführten, von geringem Werth. Als Ausdruck der,
aus sicher beobachteten Thatsachen sich mit Nothwendigkeit ergebenden Folgerungen fassen sie die Erweiterung unserer Einsicht in die Natur kurz zusammen; sie sind gewissermassen die Marksteine der fortschreitenden Wissen-
schaft. Aber die Inschrift gehört auf die rückwärts schauende Seite des Steins.
Nur für den durchschrittenen Raum haben sie Gültigkeit. Für den weiter
Forschenden sind sie von unschätzbarem Werthe als Wegweiser, in welcher
Richtung er die Wahrheit zu finden hoffen darf und in den meisten Fällen
auch finden wird; aber wenn sorgfältig angestellte und unbefangen gedeutete
Beobachtungen ihn zu der Ueberzeugung bringen, dass die Wahrheit seitwärts
von dem bisher befolgten Wege liegt, so mag er unbeirrt durch die bisher
treulich befolgte und bewährt gefundene Weisung den seitab liegenden Aus-
sichtspunkt aufsuchen. Gilt dies von dem, vielleicht nicht in allen Fällen aufrecht zu erhaltenden Satze von der ausnahmslosen Zugehörigkeit der Eichen
zu einem Blatte, so in ungleich höherem Grade von der ebenfalls aus der
phylogenetischen Continuität der gesammten Gefässpflanzen hergeleiteten Behauptung, dass der Eikern stets dem Sporangium der Gefässkryptogamen entspricht. Bis zu welchen bedenklichen Folgerungen das rasche Verfolgen der
noch jungen phylogenetischen Methode führt, zeigen manche, gerade in der
Ausführung der eben berührten Sätze durch Celakowsky hervortretende An-
schauungen. So sehen wir, heisst es z. B., dass der Coniferenfruchtknoten
nicht durch die Umbildung der ehemaligen Kryptogamen-Fruchtblätter zu Stande
kam, welche für eine Fortbildung bereits altersschwach geworden waren; oder:
So mag auch der unvollkommene Fruchtknoten zur Umbildung in einen Meta-
spermenfruchtknoten nicht geeignet gewesen sein ....; bei Welwitschia nimmt
die männliche Blüthe den ersten Anlauf zur Zwitterblüthe, die aber vorerst
misslang — lauter Wendungen, welche bereits eine verhängnissvolle Aehnlichkeit mit denen der spekulativen Naturphilosophie zeigen, die wir seit einem
Menschenalter begraben glaubten.

Sind nach dem Allen die Fragen der Nacktsamigkeit wie der Natur der Fruchtschuppe bei den Nadelhölzern noch nicht schlechthin entschieden, so wird sich doch, wie ich hoffe, dem, welcher die von mir dargelegten Beobachtungen an durchwachsenen Fichtenzapfen unbefangen verfolgt, mit einem hohen Grade von Wahrscheinlichkeit die Ueberzeugung aufdrängen, dass die Fruchtschuppe der Fichte und demgemäss auch der übrigen ächten Abietineen aus den beiden ersten Blättern einer sonst verkümmernden Knospe in der Achsel des Deckblatts entstanden sei und zwar so, dass ihre Hinterränder verwachsen, ihre Vorderränder nach aussen gedreht sind; dass daher jedes der beiden Eichen auf der Rückseite seines Fruchtblattes steht, ähnlich wie ebenfalls abweichend von den übrigen Phanerogamen der Staubbeutel sich auf der Rückseite eines Blattes bildet. Ja, ich gebe die Hoffnung nicht auf, dass dieselbe Auffassung, obwohl dafür heut noch keine genügenden Anhaltspunkte vorliegen, durch weitere auf dieses Verhältniss gerichtete Untersuchungen sich auch für die übrigen Nadelhölzer, welche eine eichentragende Fruchtschuppe besitzen, als die naturgemässeste herausstellen werde.

Erklärung der Abbildungen.*)

Es bedeutet in der Regel:

a Anlage zum Flügel des Samens.
d Deckschupppe.
f Fruchtschuppe.
g Grundtheil einer Nadel oder eines Staubfadens.
h hintere, der Zapfenspindel zugewendete, Knospenschuppe.
k Knospe.
l linke äussere, l' linke innere Knospenschuppe.
ms Mittelschuppe, die schuppenartige Verlängerung des Mittelbandes eines Staubgefässes.
n Nadel.
o Eichen.
r rechte äussere, r' rechte innere Knospenschuppe.
sb Staubbeutel; sp Spalte desselben; st Staubgefäss.
v vordere, der Deckschuppe zugewendete Knospenschuppe.

*) Die Anordnung der Tafeln ist auf ausdrücklichen Wunsch des Verfassers erfolgt.

Tafel I. (XII.)

Fig. 1. Durchwachsene Staubgefässblüthe der Fichte (*Picea excelsa* Lk.). b, b' regelmässige Staubgefässblüthen (S. 294).

Fig. 2. Dieselbe vergr.

Fig. 3, 5, 7, 9. Mittelbildungen von Staubgefässen und Nadeln aus derselben, von der Seite gesehen.

Fig. 4, 6, 8, 10. Dieselben, von aussen.

Fig. 11—13. Androgyne Fichtenzapfen (S. 295); s häutige Schuppen am Zapfenstiel.

Fig. 14. Mittelbildung zwischen Deckschuppe und Staubgefäss aus einem androgynen Zapfen, von der Seite. 15. Dieselbe von aussen (S. 296).

Fig. 16. Aehnliche, dem Staubgefäss näher stehende Bildung, von der Seite (S. 296). 17. Dieselbe von aussen. 18. Dieselbe von innen-oben.

Fig. 19. Aehnliche, dem Staubgefäss noch näher stehende Bildung, von der Seite. 20. Dieselbe von aussen.

Fig. 21. Gewöhnliches, wie die vorhergehenden vertrocknetes Staubgefäss, zur Vergleichung mit diesen, von der Seite; f der kurze Träger. 22. Dasselbe von aussen. 23. Dasselbe von oben gesehen; t der Träger.

Fig. 24. Fruchtschuppe aus einem Zapfen von *Picea excelsa* Lk. mit staubbeuteltragender Deckschuppe (S. 296). 25. Die letztere vergrössert.

Fig. 26. Aehnliche Fruchtschuppe aus einem androgynen Zapfen. 27. Die staubbeuteltragende Deckschuppe derselben vergr. 28. Dieselbe von der Seite.

Fig. 29. Durchwachsener Zapfen der Edeltanne (*Abies alba* Mill.). (S. 299.)

Fig. 30. Durchwachsener Zapfen der Fichte (*Picea excelsa* Lk.) vom Glätzer Schneeberge (S. 303).

Fig. 31. Knospe von diesem Zapfen, Fig. 30 k, von aussen. 32. Dieselbe von der Seite. 33. Dieselbe von aussen nach Entfernung der nadelartigen Deckschuppe. 34. Dieselbe von innen.

Fig. 35. Der vorigen benachbarte Knospe, von aussen. 36. Dieselbe von innen. 37. Dieselbe von aussen nach Wegnahme der Deckschuppe.

Fig. 38. Etwas tiefer stehende, fruchtschuppenähnliche Bildung vom oberen Ende desselben Zapfens, von aussen. 39. Dieselbe von innen. 40. Dieselbe im Grundriss (S. 304).

Fig. 41. Der vorigen benachbarte Fruchtschuppe von aussen. 42. Dieselbe von innen.

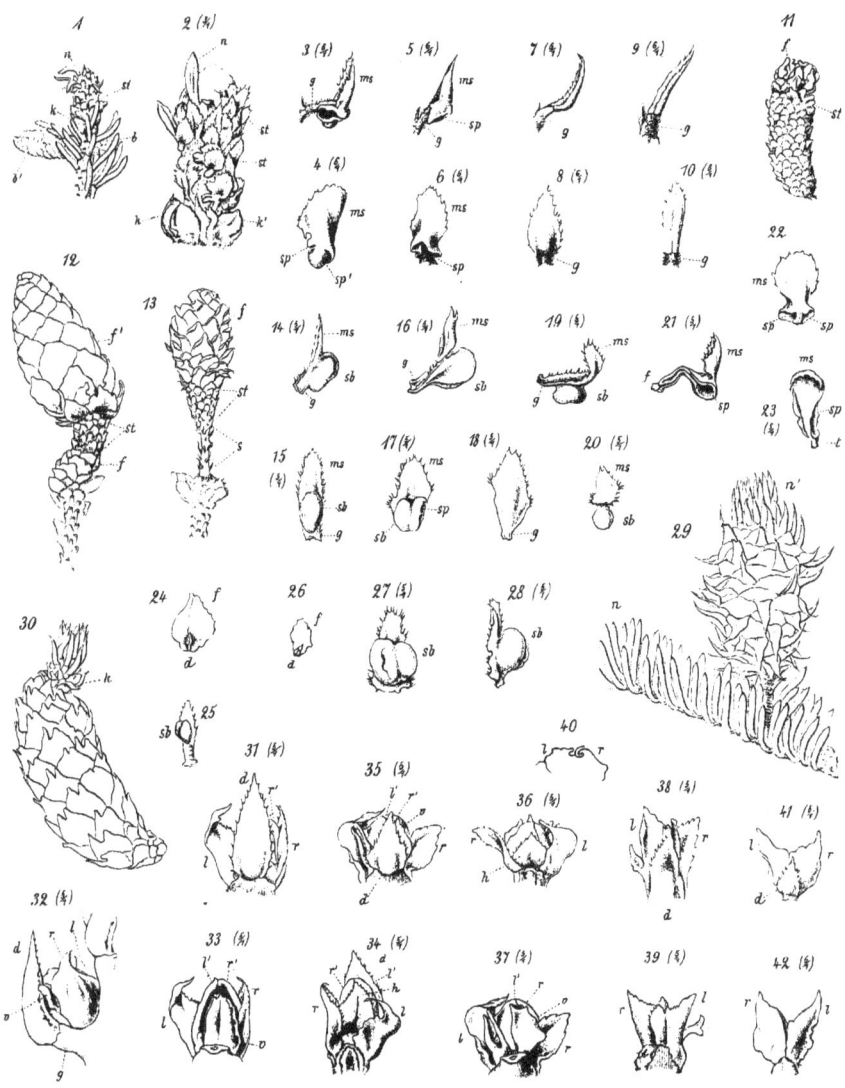

Dr. G. Stenzel: Durchwachsene Fichtenzapfen Taf. 1.

Tafel II. (XIII.)

Tafel II.

Fig. 1—7. Fruchtschuppen aus einem kürzlich befruchteten Zapfen des Knieholzes (*Pinus Pumilio* Hänke); a der Apophysendorn; w Querwulst. — 1. Fruchtschuppe aus der Mitte des Zapfens von innen. 2. Dieselbe von der Seite. 3. Aehnliche Fr. von innen. 4. Dieselbe von aussen. 5. Von der Seite. 6, 7. Fruchtschuppen vom Grunde des Zapfens (S. 323).

———

Fig. 8—13. Durchwachsene Fichtenzpfen (v. *Picea excelsa* Lk.) (S. 302). 8. Nur an der Spitze ein Nadelbüschel. 9. Am Ende ein längerer, 10. ein noch längerer benadelter Zweig. 11. Fruchtschuppen nur in geringerer Zahl. 12. Dieselben an einer Seite gar nicht entwickelt, bei g der Grund der Nadeln angeschwollen, von Farbe und Beschaffenheit der Fruchtschuppen (S. 293). 13. Kurz durchwachsener Fichtenzapfen mit umgebildeten Knospen (k).

Fig. 14—19. Uebergangsformen von Nadeln in Deckschuppen der Fichte (S. 292).

Fig. 20. Knospe von dem Zapfen Fig. 13 k, von aussen, nach Wegnahme der Deckschuppe. 21. Dieselbe von innen. 22. Dieselbe von aussen-oben gesehen. 23. Dieselbe im Grundriss (S. 305).

Fig. 24. Der vorigen benachbarte Knospe von aussen. 25. Dieselbe von der Seite. 26. Dieselbe von aussen nach Entfernung der Deckschuppe, 27. Dieselbe von oben gesehen.

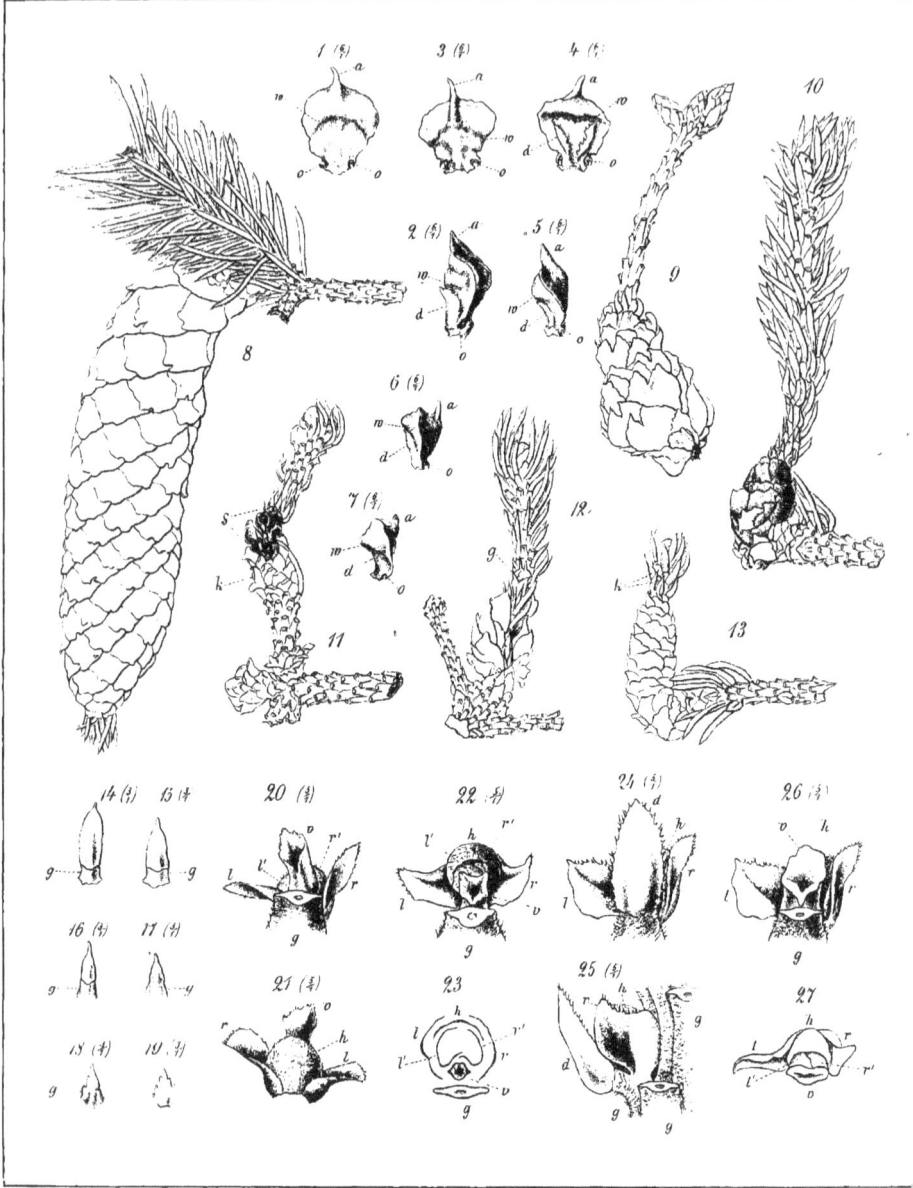

Dr. G. Stenzel: Durchwachsene Fichtenzapfen Taf 2.

Tafel III. (XIV.)

Tafel III.

Fig. 1. Durchwachsener Zapfen von einer gefällten Fichte (*Picea excelsa* Lk.), abgestorben, die Nadeln grösstentheils bereis abgefallen; u untere, o obere Fruchtschuppen (S. 306).

Fig. 2. Schuppe aus dem unteren Theile dieses Zapfens, Fig. 1 u, von aussen. 3. Dieselbe von innen (S. 307).

Fig. 4. Schuppe aus demselben, von aussen. 5. Dieselbe von innen.

Fig. 6. Schuppe ebendaher von aussen. 7. Dieselbe von innen. 8. Dieselbe im Grundriss; v, v' sind die zwei Lappen der vorderen Knospenschuppe.

Fig. 9. Schuppe ebendaher von aussen. 10. Von innen. 11. Im Grundriss.

Fig. 12. Schuppe ebendaher von aussen. 13. Von innen. 14. Im Grundriss.

Fig. 15. Mittelbildung zwischen Fruchtschuppe und Knospe aus dem oberen Theile desselben Zapfens, Fig. 1, o, von aussen. 16. Von innen. 17. Grundriss (S. 306).

Fig. 18. Der vorigen benachbarte Bildung von aussen. 19. Von innen. 20. Von oben gesehen.

Fig. 21. Aehnliche Mittelbildung von einem anderen Zapfen, von aussen. 22. Dieselbe von innen (S. 309).

Fig. 23. Schuppe von demselben Zapfen, von aussen. 24. Von innen.

Fig. 25. Knospe mit zwei seitlichen und freier vorderer Schuppe, alle fruchtschuppenartig beschaffen, von einem Zweige, welcher nur diese eine fruchtschuppenartige Bildung trug; von aussen gesehen (S. 302, 310).

Fig. 26. Knospe mit verkümmerter vorderer Knospenschuppe, von aussen; das nadelförmige Deckblatt mit seinem Grunde weggeschnitten (S. 317).

Fig. 27. Fruchtschuppe aus einem anderen Zapfen, von aussen. 28. Dieselbe von innen (S. 314).

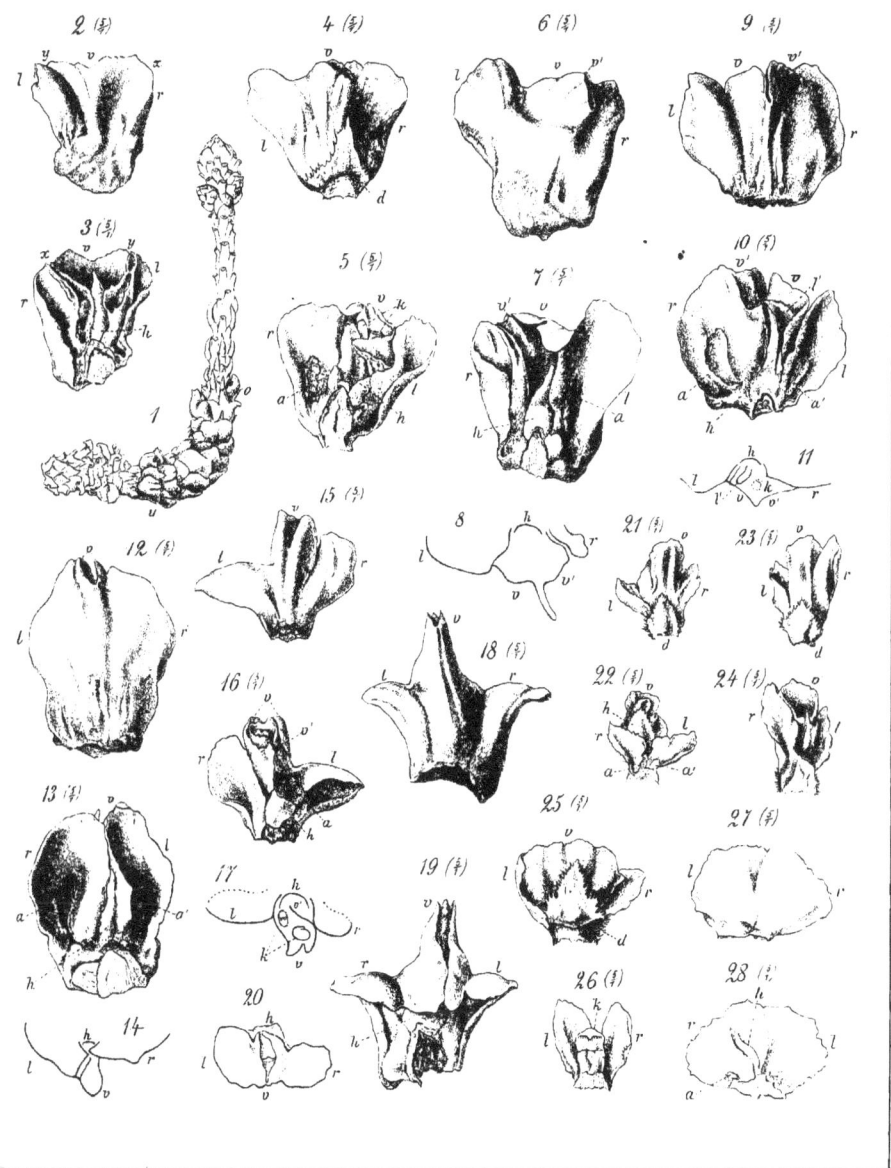

Stenzel, gez. Lith Anst. v Gebr Munkel, Dresden.

Dr. G. Stenzel: Durchwachsene Fichtenzapfen Taf. 3.

Tafel **IV.** (XV.)

Tafel IV.

Fig. 1—15. Mittelbildungen zwischen Knospe und Fruchtschuppe von einem durchwachsenen Fichtenzapfen aus dem Riesengebirge über Krummhübel (S. 312).

Fig. 1. Schuppe von aussen. 2. Von innen. 3. Im Grundriss.

,, 4. ,, ,, ,, 5. ,, ,, 6. ,, ,,

,, 7. ,, ,, ,, 8. ,, ,, 9. ,, ,,

,, 10. ,, ,, ,, 11. ,, ,, 12. ,, ,,

,, 13. ,, ,, ,, 14. ,, ,, 15. ,, ,,

Fig. 16. Aehnliche Schuppe von einem anderen Zapfen, von aussen. 17. Dieselbe von
innen. 18. Grundriss (S. 311).

Fig. 19. Schuppe von einem anderen Zapfen, von aussen. 20. Dieselbe von innen.
21. Dieselbe im Grundriss (S. 312).

Fig. 22—24. Aehnliche Schuppe von demselben Zapfen.

Fig. 25. Durchwachsener Fichtenzapfen; am Grunde (f) Mittelbildungen zwischen Knospe
und Fruchtschuppe (S. 315).

Fig. 26. Schuppe aus diesem Zapfen, von aussen. 27. Dieselbe im Grundriss. 28. Dieselbe von innen.

Fig. 29. Schuppe desselben Zapfens, von aussen. 30. Dieselbe im Grundriss. 31. Dieselbe von innen.

Fig. 32—38. Mittelbildungen zwischen Knospen und Fruchtschuppen aus der Spitze
eines ganz kurz durchwachsenen Fichtenzapfens von der Seifenlehne über
Krummhübel im Riesengebirge (S. 316).

Fig. 32. Fruchtschuppe von aussen. 33. Dieselbe im Grundriss. 34. Dieselbe von innen.

Fig. 35. Aehnliche Schuppe von aussen. 36. Dieselbe von innen.

Fig. 37. Knospe nach Entfernung des Deckblatts; dieselbe steht nach aussen
von den zur Fruchtschuppe werdenden seitlichen Schuppen. 38. Dieselbe von innen.

Fig. 39. Mittelbildung zwischen Knospe und Fruchtschuppe von dem Taf. II. Fig. 11
abgebildeten durchwachsenen Zapfen (S. 302), von aussen. 40. Dieselbe
von innen (S. 311).

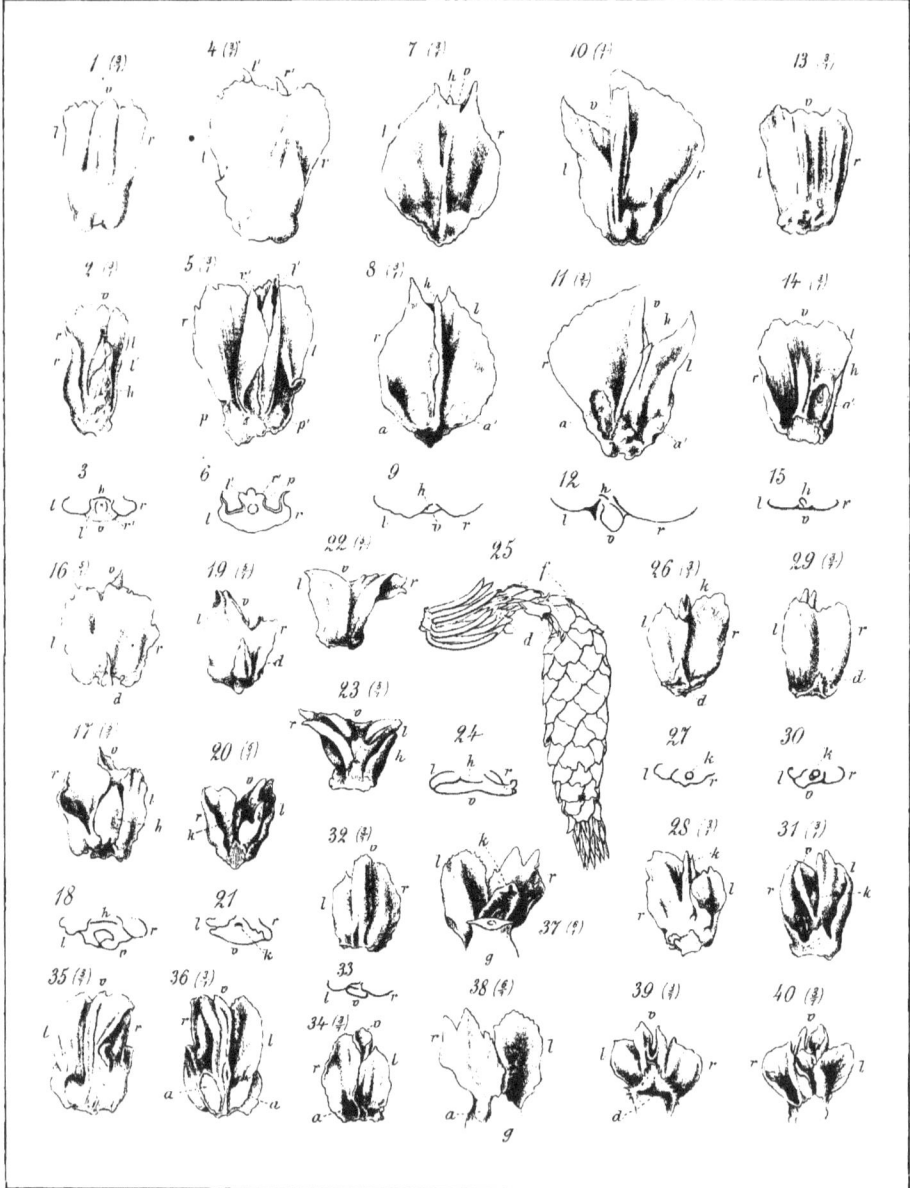

G. Stenzel gez.   Lith. Anst. v. Gebr. Kunkel, Dresden

Dr. G. Stenzel: Durchwachsene Fichtenzapfen Taf. 4.

www.ingramcontent.com/pod-product-compliance
Lightning Source LLC
Chambersburg PA
CBHW022016190326
41519CB00010B/1540